U0130795

媽 媽 火 車

| 尋 找 生 活 的 禮 物 |

媽媽的成長軌跡

十月懷胎。棉乾絮濕。

這些對母親的形容，正好反映成為媽媽所需要的付出與能耐。每一位媽媽都有她們獨一無二的心路歷程。

本年度，香港青年協會家長全動網跟青年作家大招募計劃獲選青年劉妍汶，共同走訪多位在港生活的媽媽。她們當中有來自不同背景、身分，包括外傭、單親或退休人士；她們也包括事業型、運動型的媽媽。我們以繪本及文字，呈現她們的動力和特質，例如堅強、勇敢、守護、創新和自強等，並將這些故事匯集成書，讓大家了解媽媽們鮮為人知的感受。

本書名為「媽媽火車」，是因為火車的每卡車廂都有相近的外型，但又各自盛載著不同的人和物，正如媽媽的身分一樣，每位媽媽看似相近，但卻有著自己獨特的故事。她們都在「媽媽」這個軌跡上一起移動，緩緩向前，與子女一同探索未知的風景。

近年社會對「家長」出現不同負面標籤詞語：怪獸父母、直升機家長、虎爸虎媽等。我們盼望本書可有助大家以不同角度了解媽媽的內心世界，探索得以進步的空間，讓每位媽媽都為這終身角色感到自豪。

何永昌
香港青年協會總幹事
二零二零年七月

一次相會，書中同行

作為一個女兒，媽媽是我的海洋。從出生、長大，到成為
大人，這片海洋一直滋養著肚子裡的魚兒，從來沒有休
假。我很好奇，是甚麼讓她擁有看似無窮的母愛與力量，
擁抱角色上的轉變，擔起教養與照顧下一代的責任。

不同階段，魚與海洋會隨著氣流而孕育著不同的關係，
有時甜蜜似詩，有時因為彼此觀點、考量與人生經驗不
同，造成誤會或溝通上的落差。從自己的角度看媽媽，她
可能是囉嗦或固執的人；從他人的角度看媽媽，她則是
溫婉而堅毅的。獨特的生命歷程，讓媽媽這個角色充滿
甜酸苦辣，她的每分每刻，似乎都無法只考慮到自己。

於是，我成為了一部行動錄音機，走訪在香港生活、來
自不同背景的媽媽，在一問一答中，讓平凡又獨特的她
們訴說對於成為母親的感想。先用耳朵緩慢而誠實地傾
聽，後以圖畫與文字呈現她們對「愛、關係、孩子與生活」

的感悟，以及微小但富足的日常。這是一本共同協作的繪本與訪談，讓 12 位素未謀面的媽媽在書中聚會，與大家同行。感謝一個個深刻的生命故事，流露著動人的愛，付出與觸動，送給我們眼淚與歡笑。

這輛媽媽火車是循環線，猶如一個永遠伴隨的身分。每一卡火車，承載著不同的故事與生活禮物。不論你是一個寶寶、正在求學的子女或丈夫，希望大家到訪每個車卡時，可以代入媽媽的角色，從她們的角度重新觀看與欣賞……

用溫柔的色彩，記錄回憶與盼望。從擁抱自己，到連結他人。借詩人 Kitty 的一句：「希望每個媽媽都是閃亮的存在。」

送給我的媽媽，和全世界的媽媽。

劉妍汶
香港青年協會「青年作家大招募計劃 2020」獲選青年
《媽媽火車 ── 尋找生活的禮物》作者

十 二 個 媽 媽 ——————————

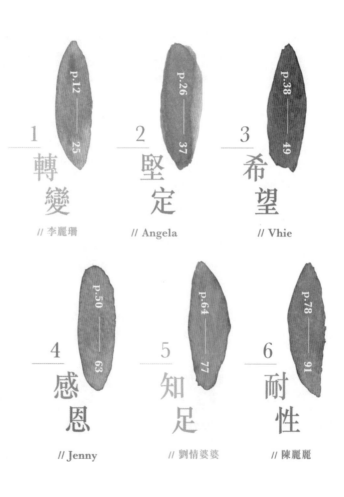

1　轉變　p.12 ——— 25　// 李麗珊

2　堅定　p.26 ——— 37　// Angela

3　希望　p.38 ——— 49　// Vhie

4　感恩　p.50 ——— 63　// Jenny

5　知足　p.64 ——— 77　// 劉情婆婆

6　耐性　p.78 ——— 91　// 陳麗麗

十二種力量

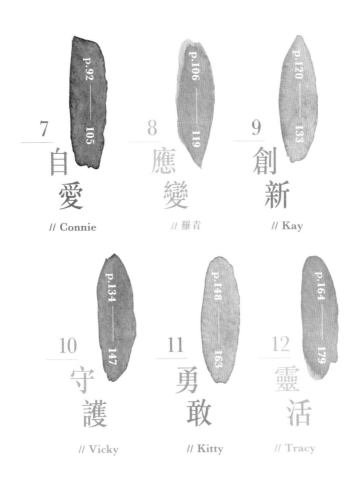

7 ——— 自愛 // Connie p.92 ——— 105

8 ——— 應變 // 羅青 p.106 ——— 119

9 ——— 創新 // Kay p.120 ——— 133

10 ——— 守護 // Vicky p.134 ——— 147

11 ——— 勇敢 // Kitty p.148 ——— 163

12 ——— 靈活 // Tracy p.164 ——— 179

尋找生活的禮物

坊間一直有很多對媽媽身分的定型,有所謂「直升機父母」
(指全天候對子女無微不至的父母)、也有所謂「虎媽」
(意指對子女嚴格要求的母親)、甚至「怪獸父母」(統指
各樣千奇百怪的家長),這些定型偏見告訴大家做母親者
不易為,彷彿一做媽媽就要變身怪獸;亦有一些把做媽媽
這件事「偉大化」,一定要犧牲自己方能成為好媽媽,但一
百人有一百個面孔,這都是媽媽本身的全部?做媽媽都會
喪失自我嗎?

本書由媽媽自身出發，一人一個故事講自身經歷。每一個故事代表一種媽媽特性，儘管各有不同，但她們會因應自己的特性選擇屬於自己的生活的方式。

51歲才生小孩子的陳麗麗，用了10年時間用運動調節好身體機能才做媽媽，旁人看到的是她的冒險，但她的故事告訴我們做媽媽要有耐性準備，才可以做好自己、做好媽媽的角色， 在未來的日子陪同子女成長。

詩人Kitty一直追求自我，覺得大部分女生當了媽媽，捨棄了大部分的自己，不能再做自己， 當她自己做了媽媽之後，要怎樣做才可以在活得漂亮的同時平衡「媽媽」的社會形象與責任？在覺得媽媽這個崗位真的很老土的同時， 如何活得快樂？她告訴我們家庭可以有多種可能，需要的是一顆開放的心靈。

Jenny為了做媽媽，面對再三的打擊亦不為所動，靠的是超人般的堅強意志；Vhie長期離鄉打工養家，在照顧僱主子女的同時反省自己的親子關係，和女兒重建感情，靠的是對未來的希望，令大家體諒一向為港人所忽略的外傭的處境。

12個故事　12個特性

陳麗麗的耐性、Kitty的勇敢、Jenny的感恩、Vhie的希望，再加上其他媽媽的自愛、堅定、應變、知足、靈活、創新、守護和轉變，她們有的始終如一、有的隨遇而安、也有改變適應，共同地顯示出媽媽們各有特性，大家不需要定型的批判，只需要大家去了解明白。

李麗珊說世上沒有做子女的說明書，也沒有做媽媽的說明書，每一步走來都是靠自己摸索和學習。一步一探索，是成長的過程，也是自我了解的過程。認識自己，走自己的路，每一個媽媽最終怎樣選擇，是她們的性格使然，接受自己，方能成為快樂媽媽、好媽媽。

每個人都有自己的軌道，媽媽需要學習了解自己的成長軌道：為甚麼有些媽媽甘願離鄉別井，骨肉分離在異地生活只為養活自己的子女？有些甘願冒著健康的危險而誕下子女？只有媽媽接受和了解到自己的成長軌道，才會明白自己的成長是如何造就了子女成長的軌道，進一步了解到如何陪伴子女成長，能夠成熟處理子女成長的過程（也是媽媽的成長過程）的挑戰。

做媽媽的說明書，其實是一本無字天書，靠的是媽媽自己探索，認識自己，再審時度勢。

每一個媽媽都有一本屬於自己的說明書，她們每一個都是揚眉女子。

媽媽力量

轉 ◇

◇ 變

李麗珊 | 40+

人生的上半場，她對自己要求嚴格，一直乘風破浪做到最好；
人生的下半場，她成為兩個女兒的母親，發現自己的溫柔與耐性，能情理兼容。

運動是我的所有，但妳比世界更大

李麗珊在十七、十八歲的時候，才明確知道自己想當一個全職運動員，從此就立下「成為滑浪風帆世界冠軍」的目標。那時候的她對自己的鍛鍊方法、效果、進度和比賽成績十分執著，充滿鬥心的性格，讓她經常在競技場上跟別人拼高下。任何能夠幫助自己贏得比賽的事情，她也會奮不顧身地全力去做。為了追求目標，跟訓練無關的事情都不太理會，甚至會忘卻照顧身邊人的感受。但這聽來十分火爆苛刻的性格，卻是一個專業運動員不可缺失的特質。多年來對自己的極高要求，跟風浪搏鬥，挑戰種種高強度訓練，給予珊珊無比的韌性和毅力，讓她在1996年阿特蘭大奧運會奪得香港歷史上首面奧運會獎牌兼首面金牌。一個讓香港人感到如此驕傲的她，把嚴謹與好勝的特質發揮得淋漓盡致。

香港人眼中的光輝，會成為一個怎樣的媽媽？

珊珊和她的先生還是職業運動員的時候，經常要飛到不同國家訓練和比賽，對體力要求很高。所以他們都盡量在飛機上爭取時間休息，保持良好狀態。但偏偏小朋友在飛機上容易因壓力問題感到不舒服，哭哭鬧鬧的聲音使他們難以休息。那時候，珊珊和先生覺得小孩不受控，也對生小孩子沒有憧憬。直至2014年，珊珊完成了亞特蘭大的雅典奧運後，訓練量慢慢減少，減少了舟車勞頓，她和先生就開始想為將來打算。

由於珊珊來自一個12人的大家庭，跟兄弟姐妹的小孩接觸
多了後，她和先生漸漸發現，其實小孩子也不是太討厭，商
討後便決定要組織一個屬於他們的家庭。

有一次她如常訓練，從赤柱來回滑浪到長洲，回家後感到
很疲累，先生便叫她先休息。怎料第二天訓練過後，她還
是覺得很累……他們覺得有點奇怪，因為以珊珊平常的體
能，對訓練量度承受非常高，不可能會輕易覺得疲累呢！第
二天去做婦科檢查，便發現懷孕了！

即使成為了準媽媽的珊珊，還是一個極有抱負的運動員，在懷孕期間，一直盤算著待寶寶出生後，便要復出繼續在海上競賽。雖然減輕了訓練強度，但她很怕停下鍛鍊，往後就難以恢復體能，所以仍然不敢怠慢，與肚子內的女兒一起經歷許多順風逆風，驚濤駭浪。

「只要我決定了要進行的事，就一定要全心全意，全程投入，做到最好。滑浪風帆對我來說不只是興趣，還是一種對自己生命的熱情和責任的承擔。」

「我有想過，當寶寶出生後，就把她交給外傭或媽媽照顧，而我就繼續追隨夢想。但成為媽媽後，看著寶寶成長的每個瞬間，心中溢出一份快要滿瀉的責任感……就在那一刻，我決定放棄努力積累二十多年的事業，那個代表著我和很多人的美夢的運動生涯，是責任心，讓我成為一個運動員，也是責任心，讓我成為一個全職媽媽。」

放開執著，擁抱同理心

「做運動員一定是自己的事，但當媽媽是兩個人的事。」
這是珊珊跟大女兒的距離漸遠後，反覆思量才領悟得到的
道理。

當運動員的時候，所有東西掌握在自己手中。選擇哪條航
道、用多少力量去完成比賽，都是個人的決定，但成為媽媽
後，要照料的，是一個親密的人，而不是一項比賽或一件物
件，她的模樣或速度都不在控制範圍內。子女怎樣走路、
選擇甚麼興趣、有著甚麼性格，媽媽是控制不到的。反而，
只可以在旁邊扶著孩子走，給他們支持，提供他們需要的
東西。

「媽媽是一個協助的角色，主導的是小孩子本人。」

當初剛成為新手媽媽的時候，珊珊還是站在運動員的角度，對孩子們要求很高，執著於她們的每項表現，常常催促小孩做功課、做練習和溫習。當小孩不聽話時，會因為她們的不自律和懶散的學習態度而發怒，不明白為何她們不懂得像自己一樣，對事情有要求和堅持。無論珊珊怎樣以運動員式的「壓力推動法」教育小孩子，她們都不為所動，而且跟自己的關係好像愈來愈差。她也因為拿捏不到有效的教養方法而感到懊惱。

「安靜下來後，我發現，我把對自己的要求和雄心反射在女兒身上了。」

「小朋友始終還未成熟，不會懂得大人的人生體悟。他們是一個獨立的個體，擁有自己的性格和喜好，如果把大人自己的既定目標或原則套用在小孩身上，像對待木偶公仔一樣要他們遵從自己的原則和命令，就會有反效果。在大女兒還小的時候，我用了比較嚴厲的方法讓她成長，責罵總比讚賞多。我忘記了，她有自己的喜好和學習的步伐，現在回想，很希望可以跟她說聲對不起，也是因為她，我改變了自己的教養方法。」

珊珊在照顧子女的過程中，除了學懂放下執著之外，還學懂了從孩子的角度感受世界。同一件事，大人以為理所當然，在小孩的角度則可能是霄壤之別。跟女兒逛街時，有不少路人認得出珊珊是奧運金牌得主，便會興奮地找她拍照簽名。珊珊以為這樣做會令到別人開心，但萬萬想不到這樣會給女兒製造壓力。直至女兒長大後，才告訴珊珊，覺得街上的人在搶走自己的媽媽，不明白為何自己跟媽媽的私人時間要與別人分享，覺得很不安，不高興但不懂表達。如果不是女兒親口告訴她，珊珊也不會知道自己的名銜無形中會為女兒帶來了情緒隔膜。

在妳身旁邊，發現我的溫柔

「成為媽媽後的日常，是不斷地改變和改善自己。是女兒，讓我發現自己的溫軟，從硬梆梆的督導員，變成與她們同行的朋友。把自己的原則放寬後，我的心慢慢打開，感覺能夠更貼近女兒，她們的心情、喜惡和特質我都能接受和欣賞。」

「原來，溫柔的自己，對時間和空間都很慷慨，跟女兒分享和談天，鼓勵她們發現從心喜歡的路，就是一份最珍貴的禮物。」

「兩個女兒現在已是青少年，從沒有興趣讀書，到現在主動溫習，追求卓越，我反而要提醒她們休息。人的成長，會讓我們慢慢明白自己的特質是甚麼。」珊珊說。

父母普遍都會擔心孩子犯錯,因為父母認為孩子犯錯會帶來危險,但有些事情總要親身經歷過、錯失過,才算是真正學懂。孩子在成長路上的挫敗會引發情緒起伏,在青春期時尤其明顯。當媽媽的自然會緊張,所以要多花時間跟子女在一起,引領她們分享,讓心情釋放。自己也要預留空間給自己,如果思緒沒法休息的話,壓力自然會大,人也會變得暴躁,就會很容易情不自禁地把情緒反射在子女身上。

珊珊希望孩子還年輕時,可以多嘗試不同的事物,發現自己從心喜歡的道路。以前她讓大女兒嘗試練習滑浪風帆,但她覺得這是一種非常孤獨的運動,因為這項運動好玩或刺激與否,在海中心,其實都只有自己一人面對。每個人的興趣不一,身體的能耐也不一樣。安靜地陪伴在身邊,慢慢觀察,聆聽她在每次嘗試後的觀感,就已經足夠了。彼此互相分享生活,這樣的親密關係才會長久。

人生的上半場，珊珊嚴格地要求自己，獲得了專注和堅毅的運動員精神；人生的下半場，成為兩個女兒的母親，對自己抱持著親切的態度，情理兼容。

「小孩子出生沒有說明書，而做父母也沒有說明書。我們必須要一齊學習。磨合期間，我們會遇到順境或逆風，分享心情，找尋方法，想辦法讓壓力從肩膊隨風飄去，運動也好，家庭也好，享受生活的熱情，不是更好嗎？」

媽媽力量

堅定

Angela | 20+

17歲時意外懷孕，放下工作與學業成為全職媽媽。
以「關關難過關關過」的決心，陪伴三個孩子度過每個成長的瞬間。

17歲的快樂時光，大步跨出來！

很多人的17歲，可能正在努力讀書，要考上大學；與好友到處探索遊歷，拒絕沉悶，對不同文化抱好奇或懷疑的態度；開始活躍於社交平台，看到異性會面紅，或正熱烈地談戀愛；因小事與家人鬥嘴，開始追求獨立空間，為自己下決定的權利；幻想成為大人後的生活，以經驗探討獨立自主的生活能力。

當時大約15歲的Angela剛剛中三畢業。

比起吸取書本上的知識，或立下目標考上大學繼續馬不停蹄地學習，她更想要脫離主流框架，全職工作賺錢養活自己，親身體驗社會的真實面貌。

「我從小就確信：承擔責任，為自己人生的各個範疇負上責任，才算得上是自立的開始。」

「哈哈哈哈……這個聽起來十分動聽的信念，在打工賺錢的第一年便讓我深切地體會到，低學歷讓人停留在『一份工作只是糊口工具』的層面。」Angela笑說。她隨即開始一邊工作一邊儲錢進修，交了一個很要好的男朋友。若按照當時的原定計劃，通過職業培訓和修讀兩年高級文憑後，她便會成為一位專業美容師。收入增加後，便可在生活裡實踐更多。

Angela很順利地完成培訓，入讀高級文憑課程。大約一年後，她意外地發現自己懷孕了。

「甚麼？等等……甚麼？懷孕？」
「咦？等等……17歲、中三學歷、小孩子、生存、生活、供養？」

「我有沒有能力供養這個小生命？我沒有高學歷，哪有足夠的知識教育小孩子？安排好的美容師計劃要告吹了嗎？當時的男朋友會不會不想為寶寶負責任？爸爸媽媽會否強烈反對，責怪我不愛惜自己，年紀小小就做出不負責任的事？他們定必責罵我，說即使我把孩子生下來後，還不是要其他人來照顧，年輕人總是把責任交付給別人去承擔……我要不要放棄這個小生命，因為我不夠資格當媽媽……」

「這些打擊自己的消極念頭，像海浪般在腦中翻來翻去。我深呼吸了一下，慢下來後，立刻把這個消息告訴當時的男朋友（現在的老公）。」

結果，以上的亂想通通都沒有發生。

「因為自己和男朋友一直自給自足，沒有向父母拿取金錢，所以也不會要求他們負責養育小孩的費用；因為體驗過社會的現實，我明白一分耕耘一分收穫，沒有挺不過去的事；因為習慣了自力更生，知道眼前是『困境』，但也可以是機會處處；因為相信自己的能力，我選擇以勇氣迎接這次相遇；最重要的是，因為我一直都十分喜歡小孩子，我要擁抱這種真切的興奮，我要迎接一個新生命的來臨！」

「與其說我是個不擅長依著計劃走的人，我反而認為那內在的『勇氣』，讓我積極面對這次的『預期以外』。」

「或許身旁的人認為這是一件令人羞愧、尷尬或難以啟齒的『犯錯』，但只要我覺得這是我心中想要的禮物，就大大張開雙臂，微笑著去接受吧！」

計劃以內、預期以外，內心更堅強

懷第一胎的時候身體不適應，頭暈、落斜路和樓梯的時候
非常吃力。懷孕初期不舒適的症狀，好像抽筋、水腫、腰痠
背痛等問題通通都出現了。這些沒法預料的痛楚和不便，
大多時候必須要自己一人撐著，直至老公放工回家。但對
Angela而言，沒有甚麼事是不能面對，或不能咬緊牙關捱
過去的。

終於，兒子順利出生了！兩年後，Angela和丈夫計劃迎接第
二個孩子，一個漂亮的女兒也健康來報到！

「我決定要當一個全職媽媽！」Angela說。

她告訴我，世上沒有甚麼比時間更為最珍貴。時間就是她
可以給孩子們最寶貴的禮物。

「因為時間就是生命，當一個人願意為你付出時間，便是
將他寶貴的生命與你分享。」

「見證著孩子從肚子裡來到這個世界上，由慢慢移動小手
指、揮動手掌拍打空氣、緊握拳頭拿著餅乾放到嘴裡去、
伸長雙手觸摸我的面頰、擁有力氣移動身軀、支撐自己站
起來⋯⋯然後，眨眨眼睛，孩子就懂得穿衣服、襪子、鞋
子、大大步、用力跳，有時會到處搗亂尖叫，有時會抱你、

親你一下，想不到會為了家中患病的小狗而流下眼淚⋯⋯
這些這些珍貴的成長點滴，都是無法取代的美好片段，讓
我每一刻都希望繼續當上一個好媽媽。」

看著她一臉幸福的樣子，很想替她答謝自己那時當上媽媽
的勇氣。

「兩年後，那時23歲的我，出乎意料地發現，第三個生命悄
悄地在我的肚子內萌芽⋯⋯我是不是太幸福了？」她瞇著
眼睛說。

「懷著弟弟以來的產檢也是順利安康。就在懷孕後期，我
的感覺開始怪怪的，直覺告訴我身體有些地方不太對勁，
但我卻說不出是甚麼，可能是媽媽和寶寶之間獨有的親密
連結。就如感覺一樣，弟弟出世後，醫生說他的身體出了些
毛病，需要在醫院接受治療，六個月之後才可回家。弟弟的
情況比我想像中需要更多的關懷與照顧，家中添置很多特
別的玩具，都是希望鍛鍊他的行動和表達能力而購買的，
而且醫療上的花費也不少。」

「面對這預期以外的考驗，我再次明白到生命的軌跡從來
不在預期之上發展。焦慮不安過後，我跟自己說：尋找外
界的幫助吧！網上有很多群組和有用的資訊，可以給我們
實際的幫助、支持和同行。情非得已下，我們也聘請了外傭
幫忙，讓每個孩子都得到均等的照顧和關懷。」

我對自己說：關關難過關關過

「曾經有人對我小兒子的身體問題說一些非常難聽的話：甚麼他的病是活該的，是自己拿來的。這讓我非常生氣！比起現實上的生活挑戰，我認為這些精神上的侮辱才是一個難關。我絕對不能接受別人批評自己的子女。但我們實在無法控制別人的話語，唯一可以做的，是把別人的意見盡量放輕。既然沒有權利阻止他們說出來，只好不把說話全部聽進去。這讓我反思自己教育小孩子的方法：如果我們不喜歡聽到某些話，也必須學習不讓同樣的話從自己的嘴裡說出來。好像我的爸媽小時候會用打罵的方法去管教，我很不喜歡，所以我絕對不會這樣對自己的小朋友。」

面對小兒子的病，Angela 平淡地說：「因為他的情況不穩定，現在最希望一家人可以一起做的，並不是去遊樂場、體育館，反而是能夠聚在一起，在安全的地方，開派對，影大合照，製造更多歡樂、開心和溫馨的時刻。」只要和家人一起，無論是外出還是留在室內，每一刻我們都可以發掘到更多樂趣。

未來的發展，誰也說不清，但看著小朋友的微小變化與成
長，每一刻的快樂和滿足，比聘請一個最厲害的保姆，或環
遊世界要珍貴一千萬倍了。

「我希望孩子長大的每一個瞬間，我都不要缺席。我們可以40歲的時候，花錢花時間繼續進修；50歲的時候，奮身投資做生意；60歲的時候和老公一起環遊世界。但孩子的1歲、3歲、10歲，若不親身陪伴見證的話，永遠沒法重來。」

「如果孩子將來長大了，不聽話了，像年輕的我一樣不想讀書了，我會給他們最大的勇氣踏出社會。嘗試跟現實『打交道』以後，他們便會明白甚麼對自己最重要。」

「我想跟大家說，無論你是懷孕的媽媽，或是社會上的任何一個人：千萬不要放棄自己。請你努力爭取自己應該擁有的東西，也不要小看自己能夠擁有理想人生的能力。即使伴侶沒能提供你期望的協助也沒關係。關關難過關關過，心存希望，敢於嘗試，相信你自己，也相信你人生命途。」

The tree that ever she sa
moonlight shadow. He passed
carried away by a
riddle that saturd
side. He was caught
desperate flight
to push
that whi
carried

媽媽力量

希望 ✦ ✦

Vhie | 40+

菲律賓人，大學畢業後結婚生子。
獨個兒在槍林彈雨的以色列當上照顧者14年，就是為了送給兩個女兒明媚的風景。

只是妳們的大姐姐

Vhie是在港當外傭的菲律賓人。20歲在菲律賓結婚，生了兩個女兒。

那時候的Vhie還十分年輕，對於婚姻和生兒育女充滿幻想和期望。「跟先生結婚及生小孩子後，這段關係很快便褪色至無法回味。從那天起，我一直在生活中學習和累積『保持簡單歡樂』的秘訣。別把希望寄托在別人身上，自己一人也能活出全世界。」Vhie淡泊地說。

因為菲律賓的經濟環境不好，政府也未能為市民提供安全的生活保障。大學畢業後，即使進了大公司當文員，薪金也不足夠應付生活。在菲律賓，很多年輕的女孩都會遷移到生活水平較高的國家打工，賺取更多金錢回鄉養育小朋友和親人，讓大家過上更好的生活，自己亦能順道遊歷世界。

「24歲的我，剛剛生了第二個女兒，便到以色列工作，成為一位全職的照顧者。剛抵達後，我被委派到安老院和老人護理社當私人看護，照顧年紀老邁或有長期病患的公公婆婆。沒有接受過專業訓練的我，嘗試了很多自己的『第一次』，而且每一次都讓我大吃一驚！」

「我需要照顧一位伯伯,每天幫他脫光衣服洗澡……坦白說,那時還很稚氣的我真是萬般不情願!他老是向我動粗,也不甚禮貌。我試過向其他人投訴,卻始終沒有人相信,於是我便悄悄在家中安裝一部迷你錄影機,以證明自己沒有說謊。又有一次,我遇到一個重200磅,有精神問題和長期病患的婆婆,她需要定時吃不同種類的藥以控制病情。我跟她住在同一間房子,而她的家人就住在附近而已。有一天晚上,她在床上開始呼吸困難,情況突然轉差,樣子好像捱不下去了……我急忙通知她的家人,可是他們拒絕送她到醫院!」她說記得當天晚上,家中只有她和婆婆二人,整晚都不敢踏出房門……腦海一直浮現許多的不明白,心情激動又憤怒,也非常害怕。好不容易過了一晚,翌日醒來,意料之內地發現婆婆逝世了。

「親眼看見別人放棄自己家人的無力感,大概這一生也不會忘記,即使反覆思量也不會找到答案。」

來到以色列的頭五年,每天差不多24小時不間斷地照顧著身體狀況不同的長者,除了學習到如何照顧別人,還有遇到突如其來的狀況時的心理調節。一切無法預料的事情發生在Vhie的每分每秒,讓她不得不從青澀少女急速成長為一個成人,卻忘記了自己的另一身分——母親。後來,Vhie被調派到當地一個法國家庭當保姆和看護。這個有三個小孩的家庭的教養方式很開放、很溫暖,她很高興能夠得到這份工作。

「有一次，當我雙手抱著他們家小孩的時候，突然覺得那小孩如大石一樣沉重，心被一股寒冷的憂傷包裹著⋯⋯我問自己，這是甚麼感覺？然後我看著手上的小孩，我知道，我想起兩個女兒了。」

「你呢？你的呢？你的小孩在哪裡？」

一道聲音不斷輕輕地跟我說話。就在這秒，我決定要回去菲律賓！急忙買好機票，我等不及回到家中與兩個女兒相見相擁的一刻！

「啊⋯⋯妳是我的媽媽？你比較像是我的姐姐？」
「我對你沒有印象⋯⋯你⋯⋯真的是我們的媽媽嗎？」

「那一剎那，是一生人最震撼的時刻，比失敗的婚姻我的內心要受傷多一千倍，但我知道，我並不能責怪誰，是自己沒有盡力讓她們感受關懷與愛。我不在的時間，女兒由我的父母照顧。畢業禮、學校聚會、家長會、成績表⋯⋯我總是長期缺席。不能用身體陪伴他們成長，關係的溫度當然會冷卻，她們不把我認作媽媽都是情有可原的。」

「你想她們永遠都不認得你嗎？還是，要努力一下？」我問自己。從那天起我便下定決心，要努力修補關係！

槍林彈雨算甚麼？

可能大家會猜想，Vhie 將留下來陪伴女兒成長。然而，一個月後Vhie便回到以色列，但伴隨著她的，是一個更堅定的目標和信念。

「我必須回到以色列，即使那是一個槍林彈雨的地方。有很多次，國家的安全警報毫無預兆地響起；有很多次，子彈在上空劃過；有很多次，我跑到房屋裡的一個防空洞；有很多次，我以為核彈之戰真的要發生了……」

「在這些沒有預警的驚慌和逃生背後，我思考著自己要給女兒一份怎樣的生命禮物，要為她們的人生帶來甚麼希望。

我希望可以引導孩子，成為一個自由和善良的人。

在菲律賓，於公立學校讀書的學生較容易搭上邊緣青年，參與販毒、酗酒、賭博或更壞的事⋯⋯所以我希望能夠把女兒送到校風純樸的私立學校。

我希望她們能夠選擇進修自己喜歡的興趣；我希望她們學懂跆拳道和防禦術，擁有真正保護自己的能力；我希望能負擔得到補習老師的費用，讓她們成績更上一層樓；我希望她們能學會駕駛，擁有自己的車子在未來的道路上奔馳。

要是我留在菲律賓這個較貧窮的國家，根本沒法提供以上所有或其中之一。反之，以色列的生活水平十分高，人們也非常富有。你知道嗎？那邊的薪水比我在香港賺的要多出三倍，比菲律賓賺的要多出差不多十倍！」

Vhie 決定以「女兒的媽媽」這身分再次回到以色列。

謝謝你帶給我快樂

星期一至五在服務的家庭打工,周末有時間的話就兼職送外賣,朋友回鄉,Vhie便頂替她的工作,目標是賺取更多的金錢。一年過去,她儲了些錢,為女兒添置手機,為菲律賓的家添置網絡,依靠網絡與女兒聯繫成為了每天起床後第一件要做的事。

「不經不覺,我在這裡待了16年,是整整的16年!連自己也不敢相信。」

「在這裡,我認識了不少也是來自菲律賓的工作伙伴,我們會一起帶被照顧者到郊外遊玩,在陽光下草地上席地而坐,分享家鄉的拿手小菜。我們會在對方的家中舉辦派對,與長者們一起嘩啦嘩啦唱歌同樂。照顧好每一位家庭成員,把正能量散發給身邊人,慢慢成為了我的興趣和引以為傲的地方。雖然我不能每分每秒與女兒們共處,但我相信,如果我視身邊的人也如己出,在遠處的女兒也一定會感受到我的愛。我很感恩在這裡的工作機會,因為他們讓我照顧,我才有能力和希望讓女兒有更好的生活。我在以色列認識了好多好多朋友,我們互相扶持,我喜歡他們,他們也喜歡我,生活簡單快樂。」

「每個月賺到1,500元美金，我會寄三分之一回鄉。就這樣，我一共為女兒建了三幢房屋，買了一輛房車，還有遼闊無邊的田野，讓她們嚐嚐親力親為、種瓜得瓜、種豆得豆的人生哲理。這些都是我用雙手證明的『本事』，讓我發現自己的潛能。」

「決定成為一個稱職的媽媽之後，我是否別人的幸福太太已經無關重要了。」

後來，女兒經歷青少年的反叛期，Vhie只能在電話中，從她父母的口中，覺察到女兒的情緒、態度和行為的轉變。她們變得懶惰，與自己感覺漸漸疏離。Vhie知道她必須要陪伴在左右，所以二話不說，辭去在以色列的高薪厚職，回到菲律賓直至她們考上大學。

「從小我的爸爸會以身作則地教導我，如果家裡有甚麼不和睦的地方，只要大家坐下來好好吃一頓飯，然後再說吧。我本著這個可愛的原則跟女兒修補關係，並開始享受成為她們的媽媽和大姐姐這個二合為一的身分了。」

「現在我在香港一個可愛的家庭上班，重拾往日服務別人的工作。薪水少一點，但跟女兒距離近一點。對我而言，少一點期待，就多一點滿足！假如我們真心單純地照顧別人，將心比心，就能在過程中持續地獲得快樂，送給自己一種如太陽般開朗的性格。」

媽媽力量

感恩

Jenny │ 30+

作為四子之母,卻經歷了兩次失去孩子的傷痛。信仰讓她能面對脆弱
與生命中的切膚之痛。好好照料孩子與家人是她此刻的人生意義。

四次懷孕的故事

第一次：懷孕至八個半月突然流產。

第二次：女兒現年九歲。

第三次：女兒在10個月大時突然昏迷，後證實腦腫瘤，一個
　　　　月後離世。

第四次：兒子現年三歲。

Jenny從事會計，是個堅守原則、做事預備充足，也是一個
理性、喜愛分享和整潔的媽媽。像家庭旅行，她一定提前
寫好清單：衛生用品、女兒的飲食器具、蚊怕水、替換的衣
服等等……從女兒的角度看，她應該是一個麻煩又囉嗦的
媽媽。又有時候，如果孩子不履行承諾，例如睡午覺不肯起
床、不肯完成功課、不整潔，Jenny就會忍不住責備。有一
次，她被孩子激得昏了，突然好像失去了自控能力，像個小
朋友般大叫大喊，踢枱踢牆壁……

其實，在Jenny剛烈性格的面具下，藏著一顆柔弱的心，和
失去兩個親生孩子的陰影。生命的功課，讓她成為是一個
緊張非常，卻極愛孩子的母親。

失去孩子，讓我的完美主義轉化

「健康不是必然的。作為四個孩子之母，我卻經歷了兩次失去孩子的傷痛。」

從小在一個比較嚴厲的家庭長大，Jenny從小學、中學、大學到選擇工作，一直以來都安穩地成長。遇到相愛的人，26歲結婚，老公很喜歡小孩，然後同年她順理成章地成為了一個準媽媽。知道自己成功懷孕的時候，Jenny和老公真的特別開心！所以便以「哈哈」喚作寶寶的乳名，聽到就會心微笑。

一直以來的產前檢查，寶寶與Jenny都很健康。大概在寶寶八個月的時候，她突然間感覺到肚子劇痛……起初以為是陣痛，老公便立刻陪她到醫院檢查。Jenny躺在病床上，醫生用儀器探測肚子，一臉愕然地跟她說：「寶寶……沒有了心跳……」「由於胎盤提早剝離，寶寶沒有了胎盤的支持和提供養分，已經保不住了。媽媽子宮內也有嚴重出血。」那時候，Jenny的子宮內出血，身體狀況也很危險。

姑娘趕忙為她注射催生藥，讓她可以誕下胎兒。經歷了幾個小時的陣痛和產程後，姑娘用毛巾把胎兒包裹好放在她的懷中。Jenny看著寶寶健全的手腳，卻沒有任何生命氣息，她痛得來不及反應，就算連眼淚也流不下來。產房的姑娘用爸爸的手提電話拍下了他們一家三口的合照，到現在為止，她也沒有看過。

失去親生骨肉的痛心疾首，讓向來理性的Jenny快樂不起來。這次失去，扭轉了她一直追隨完美的人生信念。可能是職業關係，Jenny對原則很執著，認為大部分事情都可以控制得到，但失去孩子，使她明白到世界上已經沒有所謂的「完美」存在。「如果世上有『完美』的話，孩子是不會突然離開的。一個小時前，有一個生命在你的肚子內滾來滾去，充滿生命力；一個小時後，胎兒就突然停止了心跳。我還能相信『完美』嗎？」Jenny說。失去寶寶之後，她的身體處於又危險又驚恐的狀態……那種恐懼之大，奪走了Jenny所有的安全感。原來那麼重要的一個生命，可以在一秒之間徹底失去。

4
感恩

人生充滿無常。這種意外，在親密的人身上發生，才讓 Jenny 真正意識到生命中的無常。人生本來就沒有完美，面對這一場悲痛的經歷，信仰給她很大力量。只有懷著信念，才可以繼續走下去。祂讓 Jenny 練習覺察，學習如何與脆弱共處。

由於「哈哈」離開時 Jenny 還年青，人生經驗尚淺，所以沒有舉行特別的儀式跟孩子好好告別。唯一堅持的，就是領回他的遺體，不然，胎兒就會被當作醫療廢物，當垃圾一樣棄置在堆填區。這樣對失去孩子的父母來說，是一個莫大的傷害。

「當我跟老公把『哈哈』的骨灰撒落海時，剛好看到一道彩虹，對我來說，是一種很大的安慰。」Jenny閉上雙眼，溫柔地說。

失去了寶寶，Jenny感覺到自己的生命不完整，所以很想快點懷上另一個孩子，讓愛可以滋養至親，滿足想要成為媽媽願望。理性告訴Jenny，必須要勇敢克服自己對生育的恐懼。如果一直讓恐懼埋藏在心裡，只會無法提起精神面對生活中的大小事。「哈哈」去世後數個月，她就懷上了第二個寶寶，也就是現在已經九歲，健康快樂的大女兒。

處理傷痛，感受祝福

大女兒漸漸長大，Jenny很希望再懷上小孩，總覺得兩個
子女的家庭感覺較圓滿。數年後，第三個孩子「多多」來
到Jenny一家，成為了寵在手心的寶貝妹妹。在「多多」大
概10個月大的時候，有一天突然一睡不起，昏迷在床上。
Jenny和老公立即送她到醫院搶救。經過醫生診斷後，得
知寶寶得了腫瘤，但事前完全沒有先兆。可能曾經失去過
一個孩子，Jenny和老公的心中有了悲傷的經驗。他們嘗
試跟上帝禱告，跟祂確認了孩子的情況後，便陪伴著孩子
一起渡過最後的時光。

他們給寶寶買漂亮的衣服，用她的小手小腳印成圖畫，一
起拍照留念，而且全心全意地為她籌備一個溫馨可愛的安
息禮。Jenny托親友幫忙，找到一間製造墓碑的石廠，配
合她的意願，設計一個橢圓形的相框，放置「多多」的彩色
照片。而且，她還請廠家把自己繪畫的圖畫也刻在碑上。
Jenny為「多多」搜尋合適的靈堂時，發現靈堂裡內靈寢室
感覺十分冷清，於是她找了一個年青藝術家，把藝術家拍
攝的風景照片，放大輸出成為靈寢室的佈景板，又用上色
彩繽紛的氣球布置場地，營造生日派對般的溫馨氣氛。而
且，一家人同心合力摺了很多隻紙蝴蝶散落在寶寶的棺木
上面，不但讓整個房間的感覺溫暖，也讓每人從籌備這場
告別式的過程，心情得到療癒和紓解。

因為「哈哈」離世的時候，還是一個胎兒，沒有自己的名字或墓碑，Jenny為此有著很大的遺憾。但「多多」生命完結的過程，由一家人溫暖地陪伴著。「多多」安息禮的圓滿，需要多方面的配合和幫忙，如果準備過程中缺少其中一方的合作，就難以組織到理想中的畫面，可能就會留下遺憾，沒法把悲傷放下。

「經歷兩次失去孩子後，我有一個很大的體會——我感到非常感恩，也發現自己身體裡流露著不能言喻的愛，找更加疼愛和珍惜與孩子相處的每一刻。有些人看著我感恩的心情，描述為『看化』生命，但失去孩子的悲痛，是永遠不能被『看化』的。那種回憶，永遠存在心中，但我想我現在更明白生命的功課。」

Rainbow baby，媽媽的人生意義

彩虹寶寶（rainbow baby）是指早遭遇過早產、流產、死產
或者新生兒 / 幼兒死亡後，再懷孕迎來的寶寶，是暴風雨
過後的彩虹，是希望、燦爛的溫柔。

「多多」去世以後，Jenny老公和女兒的心情都被遺憾的大
石沉重地壓著。「如果家中有多一個小朋友的話，那就太好
了。」Jenny想。懷上第二個女兒，是Jenny的願望，但懷上
小兒子，則是上天送給她與家人的一個更大的祝福。她發
現自己的愛愈來愈大，不只考慮到自己的感受，還有他人的
需要。

「人生那麼長,總會有遺憾的時候,我們要跟遺憾共處。
信仰給我一種力量和信心,讓我面對自己的脆弱。生命帶
來的切膚之痛,讓我擁有空間去覺察自己的人生意義。」
Jenny說。

這數年來，Jenny 開始習慣了跟不開心的事情共處。她容許自己在特別的時候，擁有特別的心情，讓悲傷放大，讓原本真實的情緒毫無保留地釋放出來。當日常繁忙的時候，就請理智讓情緒回復平穩，這樣溫柔地容許情緒像一呼一吸地自然流露，給予空間，讓自己平實地做回自己。對於家人說不出來的不舒服、莫名其妙的病痛，Jenny 都會感到非常緊張和恐懼；而對於家居的衛生和清潔，親密的談天和擁抱的重視，都是她身為一個媽媽愛的表現。

Jenny非常肯定地說:「我很珍惜小孩子每一口的生命氣息,希望把握每一個瞬間,陪伴孩子平安成長。即使是一件微小的事情,好像每天一起做飯的片刻都不想錯過。希望滿滿的家庭溫暖能夠成為小孩強大的後盾,讓他們有一個幸福快樂的童年。」

她相信,將來一定可以和「天上的孩子」再相聚,而「地上的孩子」則是她此刻的人生意義,天地之間,無常但有愛,成就了Jenny不完美的完美。

媽媽力量

知足

劉情婆婆 ｜ 80+

八十有六，她從來都沒有所求，只要擁有相愛的伴侶，
健康的子女，三餐溫飽，繼續經營豆花小店，就滿足快樂了。

戰亂之下，開闢荒地

如果沒法及時記錄感受，它們便會靜悄悄地逃去，再也不會回來。準備跟阿婆談天前，叫了一碗她的家鄉豆花，靜靜坐在她身後，等待她吃完自己親手做的蒸包子。

看著婆婆的髮髻，讓人感到從容和滿足。一隻大大的瑪瑙色髮抓，把一把銀白色的長髮輕鬆地固定在後腦杓，加上一隻普通的夾子，讓頸部變得更整潔乾爽。這樣樸素優雅，就像阿婆的座右銘一樣：「八十有六，我從來都沒有所求，只要擁有愛著大家的伴侶，健康的子女，還有三餐溫飽，就非常快樂了。」

一九六零至七零年代，內地爆發大饑荒和文化大革命，政治環境不穩定，這一代的青年都較為晚婚。阿婆來自潮洲六鄉的一個傳統家庭，在家鄉被家人許配給素未謀面的劉先生，成為了劉太太。那時候，在內地有不少居民選擇移居至地方小小的香港，而阿婆就是其中一人。33歲的時候，他們決定到香港謀生。兩口子從家鄉出發，經過300公里一直南下，到達當時還是十分荒蕪的南丫島，自此就扎根於這裡，到現在已經超過50年。

「剛剛來到的時候，發現這座小島有山有水有平地，雖然
自成一角，但一定可以生活下去的！」阿婆說。她與先生在
榕樹灣一帶找到一塊小小的耕地，便合力在附近築了一間
小房子，在這裡落地生根。那時候在附近的居民不是從小
在這裡長大，就是從內地移居過來的。大多數人以農業為
經濟支柱，從小就落田幫忙，懂得耕田整地，甚麼播種、淺
耕、翻耕、鎮壓、平地等等都是手到拿來的功夫。自己種自
己吃，能餵飽身體之餘，運氣好的話還可拿出去賣呢！整
個南丫島的居民不是捕魚、賣肉類，就是叫賣蔬果，不時不
食，相互補助，自力更生。阿婆與先生很快便融入這裡的
生活。

珍惜所有，知足常樂

也許我們會好奇沒試過自由戀愛的阿婆，會不會對這段盲婚啞嫁的婚姻感到勉強、委屈或不滿？

「以前我們哪有時間去多想這些東西？阿爸阿媽都是在農村一手一腳湊大我們十兄弟姊妹，懂事之後就要負責帶弟妹下田煮飯，農村嘛！就是幾家人聚在一起生活，所以家庭一向都是重心。我們這一輩人，一向習慣了家裡說甚麼，便做甚麼。鄉下人每天與泥土工作，手停下來肚子就會捱餓，所以不能懶惰啊，但我很喜歡這樣實在的生活。自由戀愛？我才沒有時間多想呢。從來沒有擁有過的東西，哪有說後悔的道理呢？我向來更在乎眼前事，因為它們正在發生啊！一粒豆，一條菜，一點雨粉也影響著我們的溫飽呢。」

不過，阿婆說她是一個幸運的人，因為先生對家庭很負責任，對她也很不錯，很多時候都讓著她。一對新婚夫婦從戰亂中挺過來，相互依靠，一起努力。當有爭拗和不滿的時候，他們就不斷溝通，直至大家都妥協滿意為止。

「每天一起下田，一起煮飯，一起生活，很自然地就懷了小孩囉！沒有甚麼計劃不計劃的。不過有了小孩也好，他們他長大之後還可以幫手下田種菜呢，就像榕樹成熟了會結出果實一樣，生兒育女向來就是自然之事。36歲的時候生了第一個兒子，兩年後多添一個女兒，在幾十年前來說，我真的是個不折不扣的高齡產婦呢！年紀大，我們就沒有再繼續生了。而且，每天帶著孩子下田的確很吃力，如果再添多一個寶寶的話，我怕我們照顧不來，他們會跌到田的水裡浸死……哈哈哈，養不來的。」

「那時候孩子們才幾歲，我就叫他們把收成後的蔬菜啊、水果啊抬到碼頭叫賣。每天清早差不多四時半五時，天還未光的時候，他們兩個小豆丁就會一前一後，用膊頭挺著長竹枝，掛上兩籃蔬果，走20分鐘的路到碼頭。鄰居會跟我開玩笑說：『他們還那麼小的一隻！你就叫他們摸黑出去，你不怕他們給蛇吃掉，給野豬吃掉嗎？』我說：『嘻嘻！哪有那麼容易呢，他們是人類來的！即使要吃也會先吃籃內的食物吧』。我從來都很放心讓孩子自己處理事情，怎樣教導也好，最能夠讓他們學習的方法，就是從失敗中體驗成長。他們丟失一棵白菜，我們家就吃少了一根啊，一物換一物。漸漸地，孩子們學會了叫賣，認識了街坊，也順道學會了溝通、搬運、以物易物、做生意和基本的財政概念。」

在田裡養小孩，不用想會養不來，只要用心耕種，很容易就可以種到薯仔、番薯、蕃茄、豆角……怎樣也會有收成，不會餓死的。想吃雞蛋的話，就用一束菜心跟那個養雞的鄰居交換三隻雞蛋，想吃黃瓜的話，就拿一碟炒豬肉請種黃瓜的人吃啊！養小孩真的不難，只要你願意回到田裡，擁抱簡單的生活。現代人的思想往往複雜了本應單純的生活概念。

成就子女也是成就自己

數年後，中國改革開放，政府大量引進內地的食材到港，包括不同種類的蔬菜和水果，價錢比本地種植的便宜太多，令本土農耕業很難生存下去。阿婆一家不能以耕田種菜謀生，逃不過財政困難的危機。

「生活沒有一勞永逸的。在田裡有甜瓜也有苦瓜，生活哪會不苦的？沒有捱過苦的人都是騙你的。大陸菜來了，整個南丫島的農民都遭殃，我和先生從小就只懂得耕田，其他賺錢方法都不懂。現在種菜沒法維生了可以怎麼辦？去找方法，找生計啊！面對眼前的困境總要花時間花力氣，沒有捷徑。我不是獨自一人，做了別人的媽媽就代表要照顧好家裡每一個人，不可能放棄謀生。」

轉型即代表重新學習，從零做起。沒有讀過書的阿婆，即使在香港也會迷路，可以在這裡學到新東西嗎？於是，她想起了自己的家鄉。她的表哥好像在六鄉開了一間賣豆腐花的小舖，一直都做得不錯。「那麼我就回鄉請他教我吧！」阿婆說罷，便立即起行回鄉學習，很快便學成回來，在小島農地的同樣位置，叫兩兄妹找來幾個大桶子，買黃豆，起柴火，搭一個簡單的帳篷，一家人就開始了這檔山水豆腐花。

自始，阿婆和先生，還有一對那時年輕的子女就用一碗又一碗的豆腐花，儉吃儉用，養活了大家。小店賺了一點，就多買一個桶子，又多賺了一點，就買一個帳篷、一套桌椅、雪櫃……貼上揮春，願生意興隆。隨著孩子們出身，找到好工作，也建立了自己的家，這一檔曾經只求維持糊口的小店，就變成了擁有六個帳篷，八張長桌，一棵老樹與街知巷聞的「南丫島阿婆豆腐花」。

生活簡單，卻留下真感情

「那時候石油氣一罐才50元，現在已經200元了。黃豆、糖、食材……甚麼都漲價了，但是豆腐花賣得太貴，別人就不會來吃。近來政府說我牌照出了問題，不讓我經營。加上前年我的老伴中風，入住了位於中環的老人院。豆腐花店就只剩86歲的自己和幾個島民一起開檔，雖然孫子在課餘時間也會幫忙，但我的孩子們都會叫我不要做了，怕我辛苦。但是，豆腐花店從40多年前已經開始營運，它讓我供養子女成長，經歷老伴得病……某程度上，它就是我，我是在這裡當上媽媽，當上太太，當上老闆娘的，它給予我身分、價值與回憶，也是我最大的興趣。要是身體不精神的話，就做少一點啊，但不能不工作。」

「除了蚊子之外，豆腐花店的客人就是我的朋友，看到很多街坊和來自城市的熟客來光顧，看著他們品嚐著我的豆腐花，輕鬆『打牙骹』、『過日晨』，有一次一班義工還在我的小屋外牆畫上壁畫！有時候，我會在家做一些點心分享給客人品嚐。食物就是最好的聯繫方式，開心不開心也要吃東西的，所以一起坐下好好吃一餐飯，一碗豆花，甚麼事都會變好的。每天下午五時半左右就會出現蚊子，把客人通通都嚇跑。我就會回到位於店旁的小屋，跟貓咪兩個人做做飯，就睡了。」

用雙手造的東西賺錢做飯，有一個疼她的先生，孝順的孩子。阿婆沒有盼望過子女會成為甚麼偉人，甚至沒有想過沒有當上媽媽的話，生命會是一場怎樣的旅程。阿婆就是想過簡單的生活，「與其想得太多，不如一起坐下吃一餐飯吧！」阿婆分了一個剛蒸好的包給我。那是一個熱騰騰的大包，又甜又鹹，有花生米，又有鹹鹹的菜譜，有海水味，有船，有樹木味，還有最難忘閒淡的幸福滋味。

「年紀老了，做了婆婆太長時間，我這個媽媽特別善忘。你別叫我阿婆吧，叫我做『留情』婆婆，我先生姓劉，而我對他留下了感情，所以我就是『留情』婆婆啊！呵呵呵呵⋯⋯」

謝謝你，劉情婆婆。

媽媽力量

耐性

陳麗麗 ｜ 50+

52歲才第一次做母親，誰說不可能？
一次死去活來的生育經驗，生育不分年紀，是否稱職的媽媽不能用年紀來定義。

佛緣，時間對了自然來到

老公和麗麗的緣分由佛教開始，他們心中都擁抱著一個
念，每一次念經，就是歌頌善因，把善的種子分享給世間
的人。一年前，他們飼養的幾隻寵物相繼安然離去，兩口子
完成照顧牠們的任務後，等待了九年的寶寶就恰好來到肚
子裡。「我覺得這是一種命中注定的緣分，讓我可以全心全
意地照顧寶寶。因為，照顧寶寶是一場不能分心的生命練
習。」麗麗滿足地笑說。

「我的人生從未有生小孩的必要，但遇到很喜歡小孩子的
黃先生後，這個願望便開始在我們心中萌芽。」佛學讓我們
相遇，也讓我們相信緣分。即使年紀成熟，二人拒絕接受試
管嬰兒療程，決心嘗試自然受孕。他們認為所有事都不能
強求，擁有寶寶是上天的祝福，寶寶甚麼時候來到身邊，
以怎樣的形式來到，都一定是剛剛好，是最好的安排。

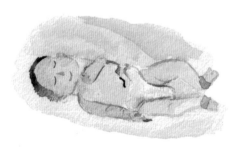

人定勝天，以拳擊鍛鍊身心

40歲跟先生結婚，那時候麗麗的身體機能和心靈健康都不
太理想。老公鼓勵她學習泰拳，強身健體之餘，亦可鍛鍊
意志力。雖然41歲才開始這項運動，但麗麗從練習到成為
教練，都是本著一個單純的目標：打好身體基礎，讓體能上
和心理上都可以承受得到嬰兒來到身體內的情況。但沒想
到，這一趟訓練之旅為她帶來無窮的驚喜與得著。

身邊很多朋友有小孩子，麗麗算是看著他們長大，也觀察到小孩會因為不同的成長環境而培養出獨特的脾氣、態度，令她對與小孩共處有點不知所措，也沒多大信心。剛巧泰拳學堂推出兒童班，麗麗便藉著這個機會去接觸和面對小孩。由於她沒有太多跟小孩子相處的經驗，開始時真的感到害怕，不知道自己能否應付他們多變的情緒。

因為老公是游泳教練，回到家後常常跟麗麗分享他的教學經驗，像哪個小朋友做了甚麼事，他用了甚麼方法應變、面對等等。他們會從討論和實踐中發現引導小孩的技巧。你知道嗎？有一個問題對著小孩千萬不可以問！「乖乖地完成功課，好不好？」「不要打到旁邊的同學，好不好？」──「不好！」任何小孩都喜歡跟大人唱反調，「好不好？」這個問題真的很危險。小孩子天性喜愛探索，包括大人說可以做的和不可以做的。所以，麗麗和老公當上教練後，都有一

個大原則 —— 就是教練必需有威嚴，尤其是在進行激烈運動時。因為不論是自己練習或跟別人一起鍛鍊時，小孩都比較容易受傷。如果孩子聽從並服從指令，包括所有有關安全的守則，就會大大減輕受傷的機會。在他們心中，訓練小孩服從指令花的時間，比教他們泰拳招式要更有耐心，也困難得多，但安全和品德永遠排在第一位。

「在我的教學經驗裡，遇到太多來自不同背景的小孩子，他們有著不同的情緒、性格、學習模式和進度，包括有自閉症的、過度活躍症的、性格較急躁不耐煩的，也有自信心不足、手腳不太靈活的小孩。透過與他們的互動，讓我反思坊間與自己的教學方法：原來我們的一言一語，每一個動作，都會直接影響孩子的情緒、自信和學習動力。我領略到要因材施教，以不同的方法，應對個性不一的、獨特的小孩。」

6
耐性

「好像有些小孩剛剛開始做運動，跳繩20分鐘也有難度的話，我沒有可能要他立刻挑戰100下，反而，慢慢地由最基本的第一下開始，成功了，掌握到方法了，便慢慢增加難度，挑戰自己。下一次，如果他可以把第一下跳好已經是一個很大的進步！如果我把他跟另一個已經學習泰拳多年的小孩比較，剛剛起步的小孩子會感到很沮喪，可能會因而失去自信，而學習多年的小孩就有可能感到驕傲自滿，拒絕進步。如果大人們在小孩面對將他們比較，兩者之間的朋輩關係就容易有衝突。」

「每一次開始練習時，大家都會敬禮，下課了，也會敬禮和答謝同行的小孩。朋輩之間的良性競爭，揮拳時的專注，鍛鍊身體機能的耐性，都協助培養一個小孩的心性與品行。這是都是我十分重視的價值。」

這座泰拳教室裡，麗麗教過無數小孩子，他們在運動中表現出來的真性情，送給麗麗與孩子們相處的基石。更重要的，是她能夠藉著這項運動，把自己在運動中獲得的力量分享開去，像種子一樣培養在小孩的心裡。慢慢地，這項工作對於麗麗來說，不只是用來謀生或建立名聲，而是一種很有意思的教育工作。從對小孩的不知所措，變成萬般期待，麗麗坦言她很希望自己可以和老公擁有自己的寶寶。

「可能內心強大，懂得禮節的小孩，就是我理想中的特質吧。」

麗麗想把幸福分享出去，即使那是無形的愛，分享是一種信念，自己也會感到恩典。

一切都是剛剛好

麗麗和老公商量過,如果嘗試自然受孕10年還未成功的話,就成立一個慈善團體,協助分配資源給社會各界有需要的家庭,回饋社會,讓小朋友有更多機會接觸不同的興趣,建立自我。

「豈料,當有關慈善團體的一切都準備就緒時,我便發現自己懷孕了!當我正想把愛分享開去時,愛就來到我的身邊了。知道這個好消息後,我和老公都十分興奮!」

「即使年紀已達51歲,我也決意選擇自然分娩,即使醫生極力勸喻我,為了自己的安全一定要開刀!但我聽說,要是選擇自然分娩的話,寶寶與自己的親密感,以及日後面對生活的安全感都會感到較富足。我問自己:『為寶寶好的事,為何不做?』」

為了養好健康的身體迎接順產出生的寶寶，懷孕期間，麗麗把她的健康放在第一位，乖乖戒口，任何懷孕期間不建議進食的東西或不可以做的事情，麗麗都嚴厲地警惕著自己，一刻都沒有鬆懈。為著寶寶以後的身體健康，這10個月，就先把自己的喜好暫時放低吧。

「我一向都有血壓高的問題，但指數在可接受範圍之內。懷孕34周的時候，我到健康院檢查，怎料血壓過高，醫生建議我留院觀察。由於陀著寶寶不可以服食血壓藥，一切都靠自律，我也會跟寶寶聊天，希望她乖乖地跟媽媽一起支持下去。」

「37周了！我如期入院檢查，差不多要分娩了！這一刻，我很老公真的等待了很久很久！我懷著一個很強的信念進入產房，一直期待著幾個小時後就可以聽到寶寶喊聲。」

6

耐性

麗麗選擇了半身麻醉，想要目睹寶寶出生。怎料，下藥後，藥力到不了雙腳，而是累積在上半身，使血壓飆升，然後麗麗一聲不響就昏迷了，情況緊急，需要全身麻醉即時把寶寶拿出來。

「聽老公說，寶寶出生時不怎麼哭，他便大聲罵說：『喂，你想怎樣？』然後寶寶才大喊出來，但我仍然在昏迷狀態。沒有想到臨盆的時候，妊娠毒血真的發生了，如果我再不蘇醒的話，就有可能中風，變成植物人。那時候已經失去意識，不知道腦海在想甚麼……但我心中有個很強烈的信念——我一定要聽到寶寶的叫聲！」

在手術室裡三個多小時後，麗麗終於蘇醒，過了幾天也安然無恙地出院了。

「寶寶出生後給我的第一個我啟示就是：無論你怎樣努力去預備成為一個媽媽，大部分都沒有用。因為我們無法估計寶寶是否能夠平安出生，自己又是否可以安全回家。原來生育的過程，跟生死邊緣很近。這次經歷再次提醒我，幸福真的不是必然。寶寶是上天給我們家的恩賜，所以把女兒取名『熙恩』，代表她是承載著陽光般燦爛的恩典來到世上的天使。」

讓寶寶擁有一個更好的媽媽

有了小朋友之後，麗麗從教練變身成為另一個角色。從前她透過分享拳式、鍛鍊意志和體能與小孩建立情誼；現在的她更想以媽媽的角度，把成為父母的喜樂分享給大家。女兒的笑聲和笑面，是未經污染的清泉，是純潔的快樂，也是她10年來在心理和生理上的耐心準備。受到大家滿滿的祝福，麗麗迎來的一份無價寶。

結婚後不合適而要離婚不難，但成為媽媽卻是一生一世的責任。媽媽有別於教練，不能只叫孩子服從命令，反而要放下身段，要「哄」他們，在他們的角度看世界。媽媽是一個榜樣，自己做錯的時候，必須在子女面前承認和商量改善的方法。媽媽的角色不能馬馬虎虎，自己性格上的缺陷，在面對寶寶時會顯露出來。這正正是一個好時候，讓自己進步，為的就是讓寶寶擁有一個更好的媽媽。

「成為母親後，我擁有無限的、意想不到的能力。讓我更珍惜時間、健康和良好的情緒，面對旁人對家庭的指點和質疑，與其花時間儲存不快，不如分享更多與小孩共同成長的歡樂與開懷。」

「我希望女兒明白自己的生命，接受著很多人的祝福，擁有美麗的心，才會明白到資源和祝福都不是與生俱來的，如同我和先生一路走來的經歷，耐心等待，做好自己，練習感恩與分享。因為得到很多，所以想把幸福分享。」

不要用年紀去斷定這個媽媽是好還是不好，而是要觀察這個媽媽的心是不是愛自己、愛下一代，即使你年紀多大，只要你愛你的寶寶，就會是一個好媽媽。

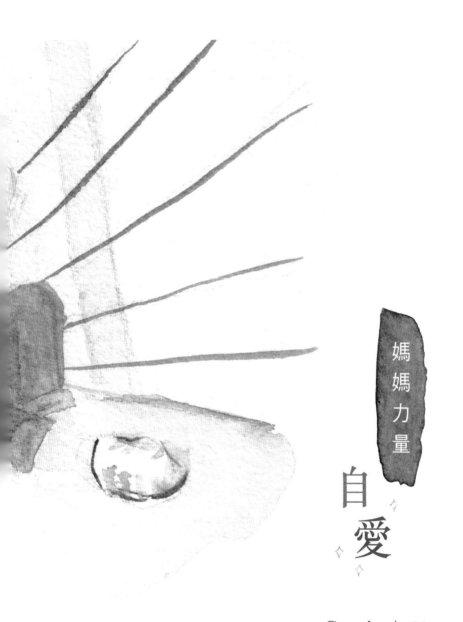

媽媽力量

自愛

Connie ｜ 60+

來自單親家庭的她，傳承了母親的堅毅不屈。

在婚姻關係碰壁，擁抱自處與喘息的空間後，開始為自己的人生作主。

是媽媽也是爸爸

Connie是一個來自單親家庭的獨女。在一歲多的時候,爸爸離開了香港,旅居外地謀生並另組新家庭。她對爸爸的印象非常朦朧,甚至不懂得如何說出「爸爸」一詞,一直以來都是由媽媽獨力養大。在她眼中,媽媽是一個偉大、勇敢、努力和有擔當的人,能力比任何男性都要強。

「從小媽媽對我的管教就很嚴謹,時常以打罵形式讓我學習對錯。雖然她目不識丁,卻十分聰明醒目!年輕時她的生活繞著工作打轉:到工廠當女工、到別的家庭幫忙洗衣、補衣服和煮飯等,日出而作,日入不息。」Connie的媽媽用最大的能力工作掙錢,就是為了對她提供最好的保護和照顧。如是者,她們兩母女相互依靠十多年,Connie也學習了媽媽那每事盡心盡力的態度和毅力,中七畢業後便考進了銀行當文員,靠一份穩定的工作與收入,讓媽媽可以放下勞苦的工作。

「**在我的記憶裡，甚麼困難或問題也難不倒媽媽。**」有時候，為了方便工作，她會帶著我一起上班，為了改善生活質素日夜奔馳的情境還歷歷在目。她的刻苦耐勞和堅毅不屈的精神對我影響甚大！我很愛也很保護她，如同她愛我和保護我一樣。媽媽的力量，讓我感受到無比溫暖 —— 即使缺少了爸爸。

「同時，我很希望建立一個屬於自己的，完整的家庭。我跟自己說：即使結婚後，也必須要跟媽媽一起住，並養她終老。我希望擁有自己的子女，我想嘗試當一個媽媽。」

7

自愛

25歲的時候，經親友介紹，Connie遇上了現在的先生。「剛認識時，他有點冷酷，個子高高樣子帥帥的。那時因為工作忙碌，彼此認識也沒有太深入，只知道他在大公司當科技專員，既不浪漫也不太懂表達，卻是一個勤儉孝順的人。隨著心裡那對組織家庭的美好想像，我們交往兩年後就結婚了。他來自中國傳統家庭，生兒育女是責任，而兩個寶寶一向是我的計劃。我認為兩個小孩待在一起，家裡會更熱鬧，更開心！如果只有一個的話，他可能會感到孤獨，而且他日發生甚麼重大事情，對於獨生兒來說會吃不消。幸運地，與先生結婚一年後，順利地生了一個女兒，而20個月後，二女兒也出世了。」

「哇！收工！我正式成為一個媽媽了！還是兩個可愛健康女兒的媽媽！太順利了！」

媽媽傳承給Connie的堅毅不屈，在生活的多個面向體現出來。

「接受了的工作，我一定全力完成，假如知識不足，就用時
間搭救，不眠不休也要做到最好。」工作如是，婚姻如是，
照顧子女也如是。但世上有些事情，不是努力就可如願。這
樣的性格，讓Connie在很多事情上都不容易放過自己，對
別人的期許得不到滿足，就習慣靠自己的力量填補落差。

「那時候懷孕，先生沒有特別關愛或照顧自己，家中的大小事也沒有幫忙處理，都是我和媽媽一手包辦。懷大女兒的後期，對他的不理不睬更感失望，而且隨著生活一直前行，負擔遞增，令我們的磨擦不斷增加。有一次，我感到非常無助，坐在窗前，真的萌生了想跳下去的念頭，先生沒有安慰，反而發惡罵我。我們跟媽媽同住，但他對媽媽卻不怎尊重。悲傷累積形成失望，我開始考慮這段關係是否該繼續下去……幸好媽媽在旁支持著我，要我堅持下去。」

「是不是一個被寵愛的太太其實沒甚麼大不了，我有兩個女兒、媽媽，還有自己。幸福不靠別人定義，要自己爭取。與先生的距離……讓我擁有空間去定義家庭的愛。」

婚姻的空間

有些媽媽會在既定日期和時間剖腹生子,想小孩有一個「好開始」。但Connie更崇尚自然分娩,認為性格由天注定,只要寶寶四肢健全,精神健康便足夠了。為了提供家人較好的生活環境,Connie和先生都沒有放棄全職工作,把孩子交由婆婆照顧,自己則全情投入工作和打掃家居,每天只有四小時的抱頭深睡。然而,看到女兒享受一天的新體驗後,回到床上甜甜睡著,她就能安然地放下所有擔子。

小女兒15歲的時候,Connie的媽媽過世,她與先生的關係亦發展到最壞的時期。生活上的大小磨擦像不被收拾的雜物般一直囤積,產生難以修補的隔閡與鴻溝。他們考慮要結束婚姻關係,於是詢問小孩的意願,小孩不想,就打消了念頭。「有幾次吵架,我真是忍無可忍,氣憤加上傷心,我無法再逗留在家裡。一人走到街上,隨意坐上了電車,漫不經意地看著半夜街景,滿眼濕透,毫無目的地行走……直至累透了便回家,默不作聲抱頭大睡或在沙發睡上一晚,流淚等天亮。我覺得不被理解、不被愛,很無助。」

其實Connie知道女兒們整晚看著時鐘，心裡著急得很，撥打電話無法接通，心裡幻想著媽媽會不會出了意外。但她知道，當下的自己更需要放空和喘氣的空間。第二天起來如常上班，為生活忙碌，似乎可以暫時忘記心中的不快。瀕臨關係結束的邊緣，Connie與先生決定分開房間生活，讓大家擁有足夠的空間自處與反思。

「大女兒比較理性冷靜，而小女兒則較敏感和情緒主導，她還是青少年的時候，我們的關係可謂走在鋼線上，差不多每次一起逛街也會不歡而散。彼此的態度僵硬，家中罵聲不斷，而向來愛面子的先生最不喜歡家裡哭哭鬧鬧的，小小的家像被灰色籠罩著一樣。我在想：女兒在父母溝通不良的環境下成長，喜歡惡言相向，在表達與態度上的缺失，是不是我的錯？」

「面對這麼多方面的失陷,作為一個太太,作為一個媽媽,作為一個努力工作的人,作為自己,我可以怎樣,可以在哪裡學習平衡和解決的方法?」

「我也想當一個稱職的媽媽。說實話,哪有媽媽不希望孩子喜歡自己的?經過多年的嘗試與失敗,我停了下來,退後一步,發現自己必須要放鬆。堅守生命的原則沒有錯,但把它強加於人,即使極力說服他人改變自己的人生和生活喜惡,並不會迎來皆大歡喜的結局。愈是年長,便愈覺得人與人之間的緣分和距離,是維繫於三觀是否接近,並不是形式上的迎合。」

喘息與認識

「說真的,我以前真是沒有甚麼減壓的方法,亦未試過減壓的好處。生活不是工作,就是奉獻給家人,每天都是『頂硬上』,忍著忍著就過了一天、一個月,然後,一年又一年。『別停下來』一向都是我的人生哲思。我以為不停做,就不會對生活的產生愧疚。」

50歲的時候,工作突如其來的大挑戰使Connie透不過氣來。跟先生商量後便決定退休,而孩子亦到了外國進修,她才有空間喘息。學造麵包、跳舞、健身,在自己的房間追劇和自處,Connie終於找回屬於自己的節奏和快樂。跟女兒和先生的關係也因為彼此的距離,改善了不少。身在遠處,就會彼此思念,她常會在網上給女兒送上剛學成的麵包和蛋糕的相片,也漸漸放下對先生的不滿。

「面對爭吵時不作即時回應，適當地保持沉默。很多讓人
難受的晦氣說話，最容易在氣憤的時候衝口而出，使氣氛
僵持不下之餘，也讓自己不好過。把標準放寬，也會讓生活
變輕鬆；放過別人，也放過自己。現在的我，不過分期待其
他人與自己一樣自律，只要女兒懂得關心、尊重，認同我對
這個家的付出，和對她們盡心盡力的照顧，不介意我沒有他
們同等或更高的學歷，只是十分愛著她們，就值得了。」

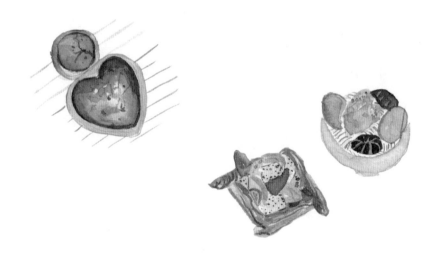

「我體會到在維持家庭關係裡,再激烈的磨擦,也是認識自己的一個過程。安靜下來後,我發現對我來說,擁有獨自一人的時間,讓自己做喜歡的事真的很重要。成為媽媽的路,讓我面對了很多預期不到的挑戰,這條沒法回頭的路,若不適時停下,真的有可能令人抓狂!有時候會幻想,如果沒有當上媽媽的話,我可能會選擇離婚,過上自己的人生,可能會開一間麵包舖,與香噴噴的麵包一起自力更生。」

其實一生人總會是苦樂參半,快樂與辛苦都是必經階段。雖然Connie現在已經63歲,從沒有過上一個結婚紀念日,但努力地過上平淡的人生,每一天也可以是一場可貴的慶祝。「堅毅與喘息」成為了她當上媽媽後,面對生活的祝福與力量。

媽媽力量

應變

羅青 | 20+

背包客變身成為三子之母，一對雙胞胎和兩歲兒子，
一家人小步小步地創造幸福的回憶，尋找最適合他們的家。

背包旅行，go for it！

「24歲，我的第一次背包旅行出發GO！從香港出發，和素未謀面的同伴到歐洲流浪賣藝，不讓青春留白。在希臘的海跟葉先生浪漫邂逅……接著的四年，我由一個踽踽獨行的單身女子變身成了一個分身不暇的super mom。」

「背包旅行的一個月，大概是我人生中最自由、最大膽和最隨心所欲的時候。我和葉先生成為了男女朋友，那段時間簡直是我短短人生中最好的狀態！回來不久後，男朋友按照他的原定計劃到澳洲開始工作假期。在他離開後第二天，而我也正考慮要不要申請去澳洲的時候，突然醒覺經期好像遲了兩個半月，所以自己去做了一個簡單檢查……」

「啊！甚麼？我懷孕了？」

但葉先生才剛剛離開呢！羅青馬上致電跟他說，沒想到他竟然停不了在大笑，說：「我回來吧！我們一起把孩子生下來！好嗎？」

「那時候的葉先生只有21歲，真不知道究竟是勇氣，還是無知讓我們快速地走上了成為父母的道路。但從那天開始，我跟葉先生和三個姓葉的孩子，像坐上了一列沒有停站的高速火車，在現實生活中穿梭，沿途遇上的好與壞，讓我們成長得好快，快得自己忘記了以前的我。」

希臘的海

羅青在深圳出生，小學三年班的時候跟家人到香港定居，一家四口住在用水泥把大單位改建而成的劏房裡，有著獨立洗手間和簡陋的廚房。爸爸用幾口釘把床板安裝在牆上，建了一個小閣樓給她和姐姐。深水埗、旺角，只要是租金便宜的地區就是他們落腳的地方。移居香港，她和家人都有一個共同的新身分 —— 新移民。「基本上我們一直都擠在一個狹小的空間生活，彼此的呼吸和情緒緊緊扣著，那時候，我對聽到的、看到的印象尤其深刻敏感。在不同的時間點上，兩位親密的家人都有不同程度的情緒病，加上我們屬於香港的『少數』，從小就接觸和接受不同社福機構的幫助和指引。可能從那時開始，我就從生活中體現了背包人生的態度：把全副身家帶在身上，慣常檢視甚麼是必須的，甚麼是多餘的，遇到更多挑戰都要隨機應變。對於極其樸素，時常要量入為出的我們來說，這真的沒有難度！」

從時裝設計學系畢業後，羅青做了幾年舞台設計和電影拍攝的後援工作。未有明確的人生方向，感覺生活像是懸浮在半空的魚，在極有限的空間上下浮游。「我儲了一點錢，便辭去工作，參加了網上發起的賣藝背包遊，想要實現到歐洲旅行的夢想！哈哈哈哈！想不到這第一次背包遊變成了在可見未來中的最後一次了！你說是不是命運的安排？」

「記得那時候跟葉先生一起，直覺這只是曇花一現的戀情，沒有認真考慮要長期交往。想不到他知道我懷孕後，立刻從澳洲趕回來，後來更成為了現在的老公。懷孕六至八個星期的時候，我開始感覺到寶寶在我身體內的跳動，那種微妙的生命連結真是好難忘。我和老公到私家診所照超聲波，在熒幕上看到畫面上輕微的跳動，然後透過儀器聽到溫柔的心跳。在懷孕第11周，我們到公立醫院檢查，那是我第一次看到寶寶的身體，現在回想還是歷歷在目。我沿著電腦熒幕上不斷跳動的黑白線條找尋寶寶的手腳和臉，慢著……為甚麼會有兩個白色的圓形呢？該不會是寶寶的頭部吧！視線向左右移動，不太看到寶寶的腳，但慢慢看到小手，小手靜靜地放在身旁……我感覺自己的心情愈來愈緊張，是屬於興奮的那種緊張！兩行眼淚一直流下，我真的不敢相信，我懷著的是雙胞胎！」

媽媽力量

8

應變

寶寶的體積雖小，但感恩他們一直健康長大。

羅青和葉先生決定為兩兄弟以單字取名。哥哥叫作「海」，
弟弟叫作「希」，以紀念她與老公相識相愛的地方——希臘
的海，寄語他們如海般穩重，盛載滿滿的希望。一年後，她
再懷上一個小男生。從一個人，到兩個人，到四個人，現在
一家五口，小弟弟的出生美麗地完滿這個家庭，所以把他
起名為「葉庭」。

當了媽媽後，生活有了重心

「我一向都是一個高敏感度的人，時常被外界和內心的情緒所牽動。年青的時候，我很想逃離生活，不知自己的目標是甚麼，感情狀態也是迷迷糊糊的。因為居住空間狹窄，安靜變得十分奢侈，所以我特別珍惜和享受獨自一人的時間。突如其來的寶寶和婚姻，給予我人生一個極大的轉變。因為三個寶寶，我擁有了一個美麗又實在的人生目標，和一段讓人愛不釋手、沒有句點的親密關係。我要為生活負起責任！不知不覺，我從朋友口中的高敏感者，變成了超級媽媽。很多從前我以為自己無法完成的事，我都有耐性地，一步步地完成。因為我知道，我是一個被選中的幸福媽媽。」

短短的四年，羅青一家搬過四次屋，想著要找到一處讓每個成員都喜歡和舒適的居所。葉先生是家中的唯一經濟支柱。他們試過住百多呎的套房，但小弟弟出生後根本不夠活動空間。試過搬到元朗、鯉魚門……不是地點不方便，就是空間、潮濕度、社區環境不理想。為了家庭，以前覺得不重要的事，現在通通都是不可或缺的考慮因素。

「當不成背包客，搬屋卻變成了我們生活的主題，生了寶寶後好像一直在背包旅行！哈哈，其實這樣也不錯呢。」

現在羅青一家住在觀塘的老房子，雖然地方淺窄，也沒有
電梯，但孩子們的幼稚園老師比以前的更好。看到兩兄弟
喜歡上學，感受到他們期待上學的心情，比起其他豪華居
所，她說：「我覺得這裡是最適合我們的家。」

草根童話的樂觀主義

除了羅青的家人,其實葉先生也有躁鬱症的徵兆。年初,她自己也察覺到自己有輕微的焦慮情況,由於老公比較年輕總有不成熟的地方,而且他大多時間在外工作,家裡大小事情都是羅青一力擔起,包括三個小朋友的起居飲食,根本沒有時間停下來。「我的身體好累,很想要休息,可是把所有時間都交給了家裡,並沒有好好照顧自己,找回屬於自己的一點空間。」當大家長時間被關在同一個空間的時候,生活習性上的差異一直挑戰著彼此的包容和耐性。

「當我意識到自己快樂不起來而老公又不明白的時候,跟社工的對話讓我接受自己脆弱的一面,認清自己的情緒需求,學習如何與家人商量時間分配。我想對自己說:『不一定要當一個超級媽媽!有時候你必需當回你自己。怎樣忙碌也好,請尋找並順從屬於自己的步伐。』」

「即使房子很小，我決定為自己準備一張書桌，放上喜歡
的書、小小的畫具、一張瑜伽墊、蠟燭和植物。待孩子入睡
後，我便會回到這張桌子前，為追隨自己的興趣和夢想做
好準備。我一直都喜歡紋身藝術，它那在有限制的情況下
發揮創意的特性，就像我一直以來的生活模式。從自己身
上，我意識到我們必須尊重每個人的個人意願。不管孩子

年紀多大,也要提供足夠的空間讓他們探索和認識自己的喜好。希望他們長大以後,不要以入讀大學為唯一目標,反而要多去看看這世界,隨心所欲地體驗,再靈活地決定自己要往哪個方向發展。等我和老公差不多45歲的時候,就可以跟兒子們一起背著背包去環遊世界了!」

「我很喜歡這座城市,總覺得:只要人在香港,誰會活不了?我也想去多賺一些錢,讓自己變成更有才華的人,但現在最想的,是陪伴在孩子身邊,見證他們每一個階段的成長,我想成為孩子的最好朋友!我想送孩子們『源源不絕的希望』,一起小步小步地創造幸福的回憶。」

媽媽力量

創新

Kay ｜ 40+

從事業女強人到全職媽媽，利用桌遊為女兒度身訂做教材，
以創意與小孩平行學習，尋找堅毅和創新的自己。

Kay畢業之後，到了銀行工作。她對自己的事業之路十分清晰，從櫃枱文員開始，一直朝著目標的職位努力，靠著積極主動和敢於創新的態度，能力備受肯定，一路扶搖直上到高級位置。她一直都是一個主動進取的女強人，旁人可能想不到，在女兒幼稚園三年班的時候，她毅然放棄工作，成為一位全職媽媽。這個轉變讓她發現了自己前所未有的創意與堅持，以及與女兒之間無價的交流與連結。

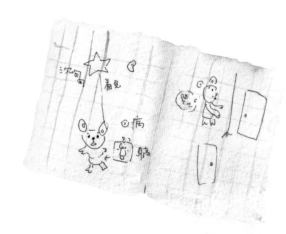

創新是世界不變的定律

Kay的成長路簡單，但家人的管教卻頗嚴謹，尤其媽媽對她的生活習慣及學業前路都非常關心，一路以來期望Kay以安穩的生活為主。在家中，Kay習慣聽從母親的話，唯有在事業上，自己那天馬行空的想法和領導才能，才能發揮得淋漓盡致。「與其跟著老規矩，不如用新的方法完成同一件事情！作為一個職場新人，我該怎樣主動準備和迎接挑戰？甚麼時候可以達到更高的職位？這些都是我熱衷的事情，從來，我對自己的事業都充滿憧憬。對於如何養育一個小朋友，真是完全沒有概念。」Kay說。

Kay的先生很喜歡小朋友，所以他們在結婚後不久就生了一個女兒，現在已經小學五年級了。

「太太，你是我見過最開朗的媽媽！」Kay的陪月員對她說。知道自己懷孕了，Kay沒有像自己的原生家庭般，為孩子的教養或前程感到過分擔憂，向來開朗和理性的她，只是單純地想著將來該如何與小孩共樂，所以整個懷孕的過程很開心，不論飲食或情緒也很穩定。順利分娩之後，她也很放心把所有家中大小事交託給陪月員，自己則回到職場繼續打拼。

「在女兒幼稚園三年級的時候，我的奶奶中風了，沒法幫忙照顧孩子。恰巧，我的先生又被委派到新加坡工作，所以家裡就只剩下自己和工人姐姐二人。如果我繼續上班的話，小朋友就會由外傭一人照顧。雖然很捨不得這份工作，但突然間我心中跳出了一個想法：小朋友的童年時光，就只得這幾年……亦即是說，女兒需要我的時間，可能只能維持到小學階段。如果我花這年在自己的事業上，的確會讓我的發展更上一層樓，但對孩子就會造成一輩子的影響。」

一切都以女兒為本

跟以前在銀行那充滿規範的工作相比之下，Kay 很驚訝全職媽媽的世界是如此有彈性和充滿創意！Kay 透過職場中獲得的觀察和經驗，明白一個人的好奇心、求知慾和主動性是非常重要的。如果喪失了抗逆力和彈性，面對考試或生活上不同層面的挑戰就會感到吃力。Kay 有感自己在成長過程中遵從的規則太多，令她感到不自由；反而，常有機會發揮創新想法和作出大膽嘗試時，自己就會一直前進，活出自我。

即使女兒將成長於「分數比過程重要」的現代教育制度裡，Kay 希望身體力行地守護女兒，讓她能保持一顆有韌性和好學的心。在她告別朝九晚五的上班生活後，從孩子的角度出發，以坊間的桌遊為女兒度身訂做教材，讓女兒邊玩邊背乘數表、學除法、認寫中文、溫習背默、學英語動詞變化等等。創立了一套獨一無二的教育法。

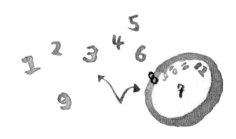

媽媽力量

創新

「我以前在銀行工作的時候，負責投資分析，必需清楚了解產品的特質，才能夠進行有效的投資分析。設計遊戲教材的原則，其實與投資分析相約，必須弄清楚題目的原理，例如以數學中的『乘數』為例，我必須要弄清楚『乘數』的原理，才可以設計出有用的教材，融入遊戲之中。」Kay娓娓道來。Kay整個桌遊教育法的籌備過程經過大量的資料蒐集，利用關鍵字眼進行分析和試驗，還要加添色彩，增強感官效果與互動性……這一切，都源自於她的女兒。

跟女兒朝夕相對，Kay看得出她在使用自己設計的桌遊教學後，學習態度和興趣由被動變為主動。她開始把自己的經驗和心得分享給其他父母，在青年中心開辦桌遊教育工作坊，更應邀到幼稚園和小學開課分享。

「我認為用遊戲學習可以讓小孩保持學習的動力，因為他們的天性就是喜歡玩耍，若學習成為了這條軌道中的一種元素，學習也就變成了有趣的事。如果只是為了要孩子拿取好成績，而在小學期間以一成不變的方法不停操練，小朋友可能很快便感到累了，對學習產生抗拒感，失去動力。小孩上中學以後會變得自立，若他本身對學習沒有足夠的熱情，學習成果可能就變得強差人意。所以，如果在小學階段能夠激發小朋友的自學能力，對他將來的發展就會有正面的幫助。很多家長曾誤會，只有特殊學習障礙的孩子，才需要以遊戲來激發學習興趣或訓練專注力。我會向他們解釋，玩樂的過程中除了歡笑，還有創意和面對挫敗的訓練，不僅是對不同孩子，連對媽媽來說也非常重要的學習呢！」

培育孩子是平行學習

別人以為Kay的付出很大，辭去工作，創造價值和回憶給女兒，但其實女兒教會Kay的東西，遠遠大於職場上成功的滿足感。與女兒一同成長，發掘她的天性和長處，不單讓他們有著良好的溝通與交流，也讓Kay看到自己堅持的信念和力量。

「培育孩子是雙向的。我會盡量跟隨女兒的節奏，跟她一起學習和探討任她感興趣的東西。女兒需要做簡報交功課，我會一起學習；女兒要自己創作影片，我亦會一齊練習編輯影片的技巧。我們還一起試過為繪本故事配音，閱讀對方的聊天群組解悶，分享日常生活事與心情……」

Kay作為媽媽，期望自己能擔任一個引導的角色，一個不高於子女，而是與子女平行學習的同伴。只有習慣分享，才能建立對彼此的互信。有了信任，孩子自然會分享她的興趣、要求或困惑等，媽媽才能有機會發現孩子的能力，引導她從偏頗的想法走出來，鼓勵她放膽嘗試不同的東西。

「有一次，女兒希望在網絡遊戲內以模擬金幣給她獎勵。我起初想依遵從女兒的心意，不為意網絡世界的獎勵其實是不著邊際的。想了一陣子後，我拒絕了女兒的要求，女兒哭得像豬頭一樣！我等她情緒穩定下來後，向她解釋：『你得到了這些模擬金幣，的確可以為遊戲角色買些新

的衣服，但再漂亮的衣服，在真實生活裡都只是虛擬的畫面。倒不如用這些零錢在真實生活中買點小東西獎勵自己吧！這樣你就可以真實地享受獎勵了。』雖然女兒仍然感到不開心，但過了一段時間，她告訴我她明白我的意思了。如果女兒沒有告訴我她正在玩這個遊戲，或需要虛擬金幣作為獎勵，我們之間可能就存在很大的隔膜和不了解。又，要是女兒私底下靜悄悄地獨自處理的話，中間產生的誤會，可能會導致關係變差。所以我很注重與女兒生活同步，察覺說話的內容或態度的細節，並耐性和理性地為她解釋事情的本末。」

媽媽力量

「以前我一遇到挫敗便會很想放棄，但因為女兒，我多年來堅守全職媽媽這個崗位，秉承並積極推廣這套比較另類的教學方法。面對社會主流觀念的挑戰，雖然曾經有過很多動搖，但我真的很想讓孩子能成長得快樂，所以一直堅持下去。」Kay用歡樂的語調訴說。

小孩的榮耀，與家長無關

Kay常常提醒自己，孩子不會一生一世都待在媽媽身旁。媽媽的成功與失敗，與孩子的表現無關，反之亦然。對於孩子，媽媽是一個輔助的角色，孩子才是真正付出和體驗生命的主人。所以，當子女表現不好時，家長不要自怨；當子女表現出色時，所有的收穫和成果都應該屬於孩子一人。

剛剛辭去工作後，獨自面對生活重心的轉移，Kay曾經患上抑鬱症。透過閱讀、清理家居、逛公園、聽勵志歌和創作，Kay用了很多時間來練習調節心理和自我對話，心情慢慢得到緩解，也明白了以上道理。

「我覺得每個媽媽都要感謝自己。沒有人能確認女士當了媽媽後，就能成為一個超人。媽媽也會有大人的不開心、小孩般的快樂、急躁，以及憤怒的時候，就像個平常人一樣。誠實面對，讓自己放開枷鎖，坦白地和孩子分享心事，千萬不要小看孩子們處世的能力。謝謝讓成為一個我媽媽，讓我擁有積極的力量，用創意與小孩連繫，找回堅毅和勇敢的自己。」

媽媽力量

守護

Vicky | 40+

從小就喜歡照顧親人。因孩子患有新生兒黃疸，續發現母乳餵哺是母親
給孩子一生的保護。成立支緩網絡推廣自然育兒，與其他媽媽同行。

Vicky喜歡解難，做事尋根究底。面對阻礙自己前進的石頭，不甘於只跨過去，她要追縱和調查石頭形成的起因和過程，還要親身試驗拆解的方法。Vicky的孩子患有嚴重的新生嬰兒黃疸，及後引發其他症狀。她想給孩子最親密的保護，在餵哺母乳時遇到樽頸，繼而全心探究有關母乳和自然育兒的一切。得到朋輩支持，她與朋友組織慈善團體，與因餵母乳而有困難的媽媽同行。

人是哺乳類動物

小時候，Vicky 在角色扮演遊戲中最喜歡飾演媽媽的角色，
因為她心中有一個使命 —— 要好好照顧比她年紀小的妹
妹和表妹。她曾在不同的行業打拼，也做過不同的工作，明
白社會的脈絡錯綜複雜，需求和供應環環相扣。有一段時
間，她在公證行裡工作，從而發現到很多日常用品都含有
化學物質，即使是街知巷聞的產品，部分都不合安全標準，
影響小孩的健康發育。

2012年，Vicky 懷了寶寶，積極地為養育孩子做好準備。
有一次，她參加了一個奶粉商的產前講座。奶粉商的宣傳
片段播出，展示奶粉經過不同的處理程序，在不同的空間
與不同的物件接觸，最後生產成為一罐罐有營養的白色粉
末。Vicky 當下對生產過程並沒有絲毫讚嘆，卻禁不住思考
奶粉在運輸及加工的過程中受細菌感染的機會。「看著這
個生產過程，令我有些擔心。試想想，奶粉只要在任何一個
細微的罅隙接觸到細菌，寶寶吃了後會怎樣？。我相信沒有
一個媽媽願意讓自己的寶寶有任何危險，對嗎？」Vicky 毫
不猶豫地說。

對現代社會的商業品牌經營、商品操控、生產和銷售方法
愈了解，Vicky愈抗拒讓自己的孩子墮入這種循環。她想為
孩子選擇自然，以及爭取選擇自然的權利。

Vicky再接再厲，到不同的講座了解詳情，還有一次，參加
了宣傳母乳餵哺的分享會。回家後，她跟家人分享她的發
現，並一起討論往後餵養孩子的事宜。Vicky的老公問她：
「你不覺得很奇怪嗎？人是哺乳類動物，為甚麼要依靠
人工奶粉，不以人奶餵哺呢？這是最自然不過的事啊！」
又，Vicky的媽媽告訴她：「以前剛剛誕下妳的時候，我也
有考慮過餵哺母乳，可是身體不爭氣，沒有母乳……才改用
奶粉啊。」

Vicky恍然大悟，覺得家人說話的很值得探究，餵哺母乳本
來就是哺乳類動物與生俱來的天賦本能！產婦只要採用正
確的方法，應該能有母乳給孩子，哪麼為甚麼媽媽會缺乏
奶水呢？ 她立刻搜索有關母乳餵哺的資料，發現坊間提供
的有用資訊少之又少，找不到任何具體而實在的渠道。就
連政府機構亦只提供簡單的問答。

母親給孩子一生的保護

Vicky的兒子出生後，患有蠶豆症和新生兒黃疸，而且黃疸指數飆升得很急，過了一段時間也不回落。考慮到情況之危急，醫生要她和老公簽署文件，同意讓寶寶在必要時間隨時換血。那時候，醫院兒科其中一位最高級的教授要求與Vicky和老公見面，他們心裡焦急得很。醫生跟他們說：「現階段妳的確沒有甚麼能夠幫到兒子，唯一可以做的，就請妳回家努力泵奶，準備最多的母乳給他吧。作為他的媽媽，請妳努力吧！」

分娩之前，Vicky只計劃在寶寶出生後，就讓他直接哺育，所以沒有練習過如何使用吸乳器……加上那時候Vicky分娩的傷口發炎，不便外出，所以就請老公幫忙買了一個手泵回家，心裡只想著要擠出最多的分量給病床上的兒子。兩周之後，Vicky兒子的黃疸指數慢慢回復正常，她才回個神來，驚覺哺乳是那麼緊要！

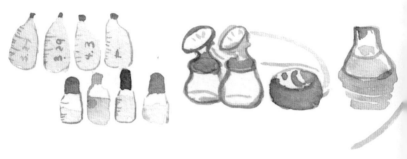

當初以為人奶只是一種無添加的自然食物,沒有想過可以用來拯救寶寶的健康。原來餵哺母乳是Vicky對孩子最直接又實質的保護。

兒子在醫院檢查了一陣子,習慣了用奶樽進食母乳,回家後便不肯接受直接哺乳。由於Vicky自己一人照顧寶寶,每天需要重複地泵奶、餵奶和清洗器具,令還在復元的她倍感勞累。而且,她很希望和孩子有更親密的連繫。Vicky覺得很奇怪,為甚麼是一個奶泵、奶瓶餵奶,而不是孩子在自己身上哺乳呢?她嘗試詢問護士,怎料大家都說她能夠供給到足夠的母乳已是很好了,堅持直接哺乳是不必要的。Vicky有點愕然,但更多的是無助。後來有一位健康院姑娘介紹下,她去了一個母乳媽媽聚會,並遵從媽媽們分享的方法,過了一陣子,最後終於讓寶寶成功「埋身」!

反觀自己的家族，所有母親成員都是依靠嬰兒配方奶粉餵寶寶，Vicky對母乳的堅持讓她感到很孤獨，也曾被指罵過她的想法太執著，母乳的本質有問題，所以令兒子的能力與正常孩子有差距。只有在母乳媽媽聚會裡，Vicky才能感到遇上知音人，更體會朋輩同行的重要性。

在小數順從多數的社會趨勢裡，連最自然的育兒方法，也只能瑟縮一角。Vicky為了讓更多孩子能夠享受哺乳的好處，也讓媽媽在進行哺乳時得到合理的支持和尊重，她與朋友決定一起組織團體，鼓勵有經驗與新手的媽媽分享哺乳的疑問與解答，成立一個可靠的支緩網絡和資料庫。

按需要餵哺，自然中玩樂

Vicky深信，母親愛著孩子是普世相同的價值。成為媽媽後，她做的每一個決定，都以孩子的自然需要出發。本著同理心，在商業主導的社會推廣自然育兒方法，雖然困難，卻是她成為理想媽媽這個角色的基石。

「如果我是一個新生寶寶，在剛剛來到這個陌生的世界時，可以常常和媽媽有很親密的接觸，在她的身體汲取到足夠養分……當我哭起來或大聲叫喊時，媽媽會趕快來到我的身旁，給我一個溫暖的擁抱，那麼我一定會感到好滿足，好幸福。」

母乳的益處，除了可讓寶寶與媽媽的互動和連繫為更親密外，若能配合按需要餵哺的話，就能給寶寶無限的安全感。寶寶餓了，就會發出訊號。媽媽以餵哺滿足寶寶的慾望，寶寶得到正面的回應，就會慢慢養成向媽媽發出請求的習慣。媽媽細心觀察寶寶發出不同訊號的模式……有時猜對，有時被弄得哭笑不得，跌跌碰碰地一起成長，分享彼此溫柔的情緒，這種互信互賴的親子關係一直陪伴著孩子和媽媽成長。相反，如果以照顧者的喜好和習慣來決定寶寶進食的時間，寶寶將被迫習慣需求得不到滿足，內心自然產生和累積失望，與媽媽的無形隔膜就會慢慢滋長。

年輕時的Vicky以為成為媽媽是一件輕鬆的事，但這幾年的經歷對她來說，確是一場具有啟發性的磨練。「我的兒子被確定患上自閉症、專注力不足和讀寫障礙。要是在他出生後，我沒來得及餵哺母乳的話，情況可能更具挑戰性。當我在考慮要怎樣教導他的時候，就回憶起童年的自己，我算不上是高材生，放學後在家的後院玩耍、捉蝴蝶，然後快樂地長大，成為當下的我。」Vicky不禁滿足地微笑起來。

最適合兒子的教育，就是隨著他的特性，陪伴他成長。哪怕他學習得比其他同學慢，跟別人談天的時候眼睛會看著別處，內容不著邊界，整天轉著車的輪子不覺沉悶，拿著玩具車重複地排列……Vicky相信，這是兒子最自然，也是最好的狀態。與其給兒子設立學習目標，不如為他的玩具車規劃一個停車場，帶他到大自然執樹葉、玩泥巴，儘管親戚覺得孩子會被樹葉弄髒，眼睛會被樹枝弄盲。Vicky一直鼓勵兒子接觸不同事物，她認為自然的事物最能溫和地刺激孩子的感官，讓他在探索過程中跳出自己的框框。不管旁人怎樣阻止，Vicky依然相信用自然的方法，來滋養孩子的獨特之處。

自然育兒網絡成立至今已經五年多，Vicky籌辦了很多宣傳母乳餵哺的活動。曾經有一個乳癌康復者告訴她，即使自己一邊乳腺組織被完全切除，但為了減低遺傳癌症給寶寶的機會率，仍然堅持餵哺母乳。朋友圈和家族中的準媽媽與她的家人，也因為她這個「樣板」，明白到母乳餵哺不只是媽媽一人的力量，家人的分工合作、體諒和尊重也是不可或缺的。

Vicky兒時喜歡做母親的角色，成為真正的媽媽後，勇敢地站出來守護寶寶最自然的基本需求，是媽媽對孩子唯一一種無可取替的保護。

媽媽力量

勇敢

Kitty | 30+

作家、詩人，把孩子帶到田裡放養。透過成為母親，思考家庭的不同型態。
在每一個平凡又神奇的瞬間，感受媽媽與孩子之間的愛。

11

勇
敢

成為母親，是一種溫柔革命

Kitty，詩人，編輯與作家，在文化界自由撰稿，也在中學教寫作。四年前，一份微妙的緣分，讓她成為一個溫柔嬌婉的媽媽；透過女兒，思考如何愛人，並與母親和解，探索家庭的不同形式或組合的可能性。一年前更與朋友成立「生活Kids Club」推廣自然教育，讓小孩與家長在大地與自然中體會美感，一起學習生活。

對於成為媽媽這件事，向來瀟灑的Kitty心裡有一個擔憂：懷了寶寶之後，好像就會失去朋友……因為媽媽這個角色好像很拘謹，又或者是，進入家庭這件事情給人一種老土的感覺。其他人曾經質疑，Kitty身為一個女性主義者，應該不會考慮當上別人的媽媽吧……但她認為，即使只有自己一人，也會有能力把子女照顧得很好。「如何成為母親」這個問題，一直陪伴著女兒和自己的成長。

需要被照顧的媽媽

因為爸爸長期離港工作，Kitty 與媽媽成為了對方其中一個很親密的家人。

「小學的時候，如果測驗考試只拿到80多分，就會被媽媽打，只有拿到90分或以上，她才感到滿意。當為學校活動、朋友或同學付出很多的時候，姆媽也會責罵。我不理解，於是問媽媽打罵我的原因，她解釋說：『那時候好多學童自殺案件，大部分原因是成績強差人意，所以，對你打罵就是希望你考取更高分數，我很害怕你會做傻事。』其實她有沒有想過，不是分數讓人有消極的念頭，而是讀書的壓力，讓人感到懼怕，然後才會衍生人自殺的念頭？」

「中學的時候，媽媽曾經多次在朋友面前羞辱我。曾經有一次，我邀請朋友回家一起做陶瓷課的功課，把家裡弄髒了，媽媽要我在同學面前彎腰把地方整理乾淨。這種羞辱，對於那時候還是初中的我影響很深，老是覺得媽媽把自己看的很緊。久而久之，有一段長時間我都不敢向朋友介紹自己的媽媽。」

年輕的Kitty沒有一個明確的『家』的概念，生活上的很多
細節都是靠著自己一個嘗試和學習，例如做飯——爸爸因
為工作關係很少留在家中，媽媽對下廚沒有興趣，高中開
始很多時候都是由她負責做飯，有時還會準備媽媽翌日的
飯盒。在這樣的環境下成長，是一個機會，讓Kitty去思考
心中的家庭究竟是怎樣的。

現在回想，Kitty慢慢覺察：媽媽並不是不愛自己，只是用了
一個比較奇怪的方法表達關懷與愛。打與罵可能是害怕失
去自己的女兒，為了把她留在身邊，便用盡自己所知的方法
疼愛她。其實媽媽也不是一無是處，雖然難以被稱為一個
好媽媽，但她示範了開放與自由的教養方法。

「這兩者之間有沒有一個平衡點？」

一個家庭的不同型態

大約六年前，Kitty 愛上了一個男生，很想很想跟他生一個小孩，卻沒要踏進婚姻的必要。

一位男同志好友曾經問Kitty：「如果女兒沒有了爸爸，她的生活會否不完整？」

如果，一個小女孩拖著一位女士，那位女士是否一定是她的媽媽呢？一個小孩，是否一定要跟隨著媽媽和爸爸？可以是兩個媽媽或兩個爸爸嗎？跟你一起生小孩的那個人，未必一定是自己的老公……一個家庭的形式，除了我們認知的「一夫一妻」制度以外，會不會有其他可能性呢？

其實一個家庭的組成有很多不同的形式，現今社會認可的單一家庭制度，讓單親媽媽變成了一種缺失。Kitty慶幸朋友圈裡有多元的家庭組合形式，給予自己信心去嘗試成為一個單親媽媽，親身示範給孩子看，家庭形式的光譜是很廣闊的。

「其實我是最有社會資源成為一個單親媽媽的。」Kitty 說。

10個月的懷孕旅程，即使伴侶陪在身旁，很多身體和心靈的辛苦和感觸也只有媽媽一人能體會到。

在最後的產期，Kitty 一直住在醫院差不多一個月。在懷孕

第七個月的時候，Kitty一直發高燒沒有好轉，身體連續三個星期保持在攝氏40度。後來，醫生發現是尿道炎，卻不知道是哪一隻菌，也不清楚對寶寶有沒有影響。有時候寶寶一分鐘心跳大於200下。即使在預產期的時候，她的體溫也沒有回落。而且寶寶的體溫比媽媽的身體還要高兩度。發冷、發燒、發冷⋯⋯因為發高燒，不可以蓋太多被，但在發冷的時候，卻冷得Kitty連一句說話也說不出來。身體上的煎熬，對Kitty來說是一個考驗，但在肚子內的寶寶好像聆聽到自己的心聲。有一天晚上，Kitty夢見女兒在哭，從肚子內爬到心口上，緊緊地抱著自己，Kitty就跟她說：「你要堅強，媽媽也會努力。我們要一起加油。你在肚子內辛苦了。」

幸好女兒出生的時候活潑精神，健康得很！

神奇時刻

「當女兒10個月大的時候,有一天晚上,爸爸不在,她睡醒了便來找我。就在這個時候,房間出現了一隻螢火蟲……我把女兒留在攬在懷內,一起看著牠在這個空間飛來飛去,直至那隻螢火蟲慢慢離開視線,我們都一直擁在一起。又有時候,女兒會跟我說:『媽媽,你看!天上有星星!媽媽,你看!那裡有蝴蝶!』」

每一個平凡又神奇的瞬間,都存在著媽媽與孩子之間的愛。Kitty看著女兒,感嘆小朋友對萬事萬物都充滿好奇和愛。

與其說期待自己成為一個怎樣的母親，倒不如把重點放在展現愛的方式上。親子間無所事事的時間，一句簡單的問候，例如「你今天過得好不好？」「你今天開心嗎？」是重要的日常。媽媽透著與女兒相處的溫柔與關懷，檢視自己在親密關係中的需求。孩子的存在，提醒著大人，其實愛就藏在很多生活的瑣碎片段，包括問候、信任，以及停下來去欣賞對方覺得美好的東西……這些全部都是愛的表現。

Kitty 希望凡事都與孩子商量。當然，跟小孩子商量就不能避免要用更長的時間和耐性，但不論如何，她很希望在日常的溝通練習中，讓女兒能發現自己也有發表意見的權利。比如說，女兒在學校跟老師說不，老師會跟我說她愛辯駁，不太聽教，但我卻為女兒能勇敢說不而感到自豪。我希望她不單止知道自己不想要甚麼，更知道自己想要甚麼。如果能讓她從小時候就感受到足夠的愛，他日長大了，在面對苦難、失敗的時候，這些積累的愛就可成為勇氣，陪伴她一起跨過難關。

以生活實踐教養

元朗清潭路，一個美麗的名字，有著一間剛剛翻新好的白色客家大屋，被連綿的山與藍天環繞，蜻蜓泥土，種米除草，這是Kitty與朋友合力設計和修葺的自然生活共學教室。

Kitty 透過觀察小孩子的動靜，順著他們的天性設計課程，鼓勵自己動手做，自行決定何時去玩、何時參與。邀請小孩子和大人們一起學習耕田、種米、幫忙搬運等在城市沒法參與的基本工作，讓他們親身體驗生活的根本與實在。

「我的事業從寫作延伸到教育推廣，都是因為女兒的到來。她給我一股動力，讓我擁有勇氣和堅毅實踐腦海中的想法。我希望透過與昆蟲飛鳥為伴的田間工作、創造一種提倡人與土地和人與人之間的連結的教育。至少，我可以為社會提供多一種生活和學習方法。」Kitty肯定地說。

媽媽需要照顧孩子，就必須對生活有所取捨。在情況許可下，繼續追隨自己的興趣和事業。從生活體驗中獲得的寶藏，包括勇敢、平靜與開放，成為一份送給孩子終身受用的禮物。每一個媽媽，都是閃亮的存在。

「如果孩子害怕，我就會在她掌心畫一個隱形的心，跟她說，媽媽無論任何時候都會在你身邊，在這個時代，我們任何人都要立身處世，需要擁有勇氣，包括對孤獨的勇氣、反抗的勇氣，以及遇到不公平的事勇於說出來的勇氣。媽媽的職責就是永遠在你身邊支持你。」

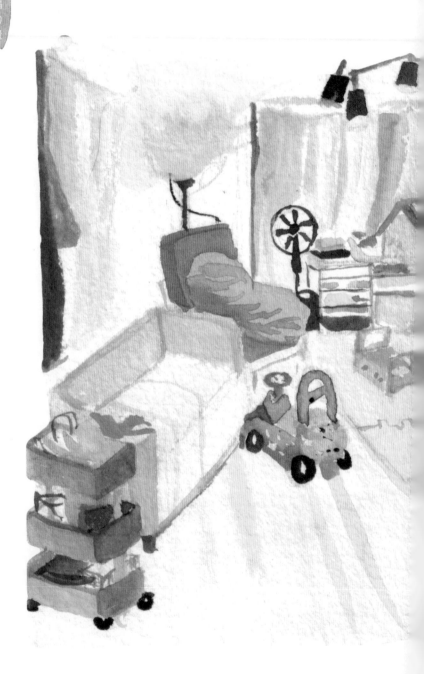

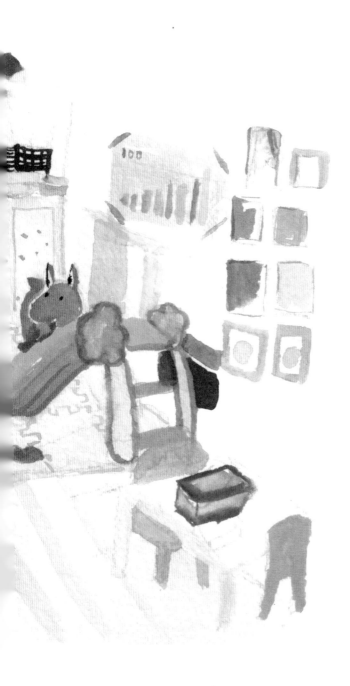

媽媽力量

靈
活

Tracy ｜ 40+

來自軍人家庭的台灣媽媽，婚後移居香港。
與三兄弟一起誦讀四書五經，讓生活日常得到美的薰陶，享受每個平安的片刻。

我的父親是軍人

「記得有一次正值台灣選舉，全家整天都待在家裡，忽然有人按鈴到訪，那個人知道父親擁有投票權，便拿了一疊鈔票塞進父親手上，邀請他把票投給指定的候選人。父親一聽之下非常生氣，二話不說就從廚房裡拿出掃把，一邊大力敲打地板，一邊怒號：『你走！你走不走？不走我就打你了！』不消幾秒就把那個人趕出門外。現在回想，這幕畫面仍是記憶猶新，繪形繪聲。公正公義，從來都是父親對我們的訓勉。」

Tracy是一個來自台灣,現居於香港的媽媽。她的父親是在
一九四零年代,跟隨孫中山先生帶領的國民黨,從中國遷
移到台灣的軍人。母親則是從中國福建移居到台灣多代的
台灣人。在父親的培養下成長的Tracy,擁有勇敢、頑強和
自律等軍人品質,也是一個冷靜溫和的女士。

「我從小就住在台北,在一個律正嚴明的大家庭裡長大,
有三個姐姐。父親對我們的教導方法,就像他多年來的軍
人訓練一樣,十分注重紀律和品格,希望我們懂得任何事
情都有一定之規矩。其中,他最著重的就是『守時』,即使
任何情況,都不可以遲到。不單是出門上學、上興趣班、到
訪別人的家、早上起床或晚上睡覺,都要按既定時間動起
來。記得我還是國小和國中的時候,每天清晨五時,父親
就會用他雄亮的聲音大喊:『嗨!起床啦!』全家人就會立
刻驚醒!我和姐姐們一起洗臉刷牙時,父親就會在廚房弄
早餐給大家吃,再送我們出門上學。你不可不知道,他響亮
的嗓子真的大聲得嚇人!即使過了那麼多年,他大喊後的
回音還在耳響起。」

「父親是家庭的經濟之柱，雖有威嚴，卻絕不會無理取鬧，對我們的學業要求也不是太高。他常常說只要我們有良好品格，健康快樂長大就好了。而媽媽則是一個典型的全職家庭主婦，沒有甚麼脾氣，迄今為止都溫柔地照料和守護著我和姐姐們。」

大學畢業之後，Tracy進了銀行工作，自己買了一間套房，過著簡單獨立的生活。最喜歡跟朋友在周五傍晚下班後，一起爬山紮營，在綠野中無所事事地過上兩天，保持好心情準備下星期繼續打拼。他們爬過好多座山，大霸尖山就是其中一座她最喜歡的山頭。那時候28歲的她剛好單身，朋友和同事整天為她張羅介紹對象，不知不覺就認識了一位來自香港的男生，他個子很高，而且自己創業。

於是，她憑著家族傳承的遷移習性，跟先生展開了一場不平凡的戀愛。

「遠距離戀愛很難嗎？的確不容易。硬要以理性思考的話就很容易往壞的發展方向想，好像一定要搭飛機才能相見、放大不在身邊的不安全感、只能靠著手機聯繫的不滿足等……若腦袋只計算著彼此要付出多少才能維繫感情的話，談戀愛的感覺就會很快幻滅。所以，那時候的自己只是單純地愛著他，並相信我們可以在一起。」Tracy如是說。

她和先生拍拖兩年多，便在兩地設宴結婚成為夫婦。之後，Tracy留在台灣，先生則回到香港繼續工作。他們必須在台灣和香港兩地二擇其一展開婚姻生活。綜合教育環境與事業發展的利弊，對於他們來說，香港的確是略勝一籌。

Tracy的先生很快便在一所駐港台灣銀行替她找到一份相關的工作。來港定居後，她與奶奶和老公共同住在港島西的老房子。

太理性就不會生小孩子

「生命一定有他自己的出路，要自己去找尋。」

「我發現香港的居住空間真的很迷你呢！像我們家只有兩間房，如果跟長輩同住，又想生小孩子的話，根本沒有足夠空間啊。一定要有一間較大的房子，至少要三間房間，寶寶才可以走動啊，這十分重要。」結婚後，Tracy努力儲錢，同時透過收看新聞報導，學習廣東話。半年後已經可以掌握基本的對談，慢慢融入這裡的生活。直至2004年，全球經濟低迷以致香港樓價下跌，她與先生一擲千金買了一間位於中環市中心的老房子。幸好他們那時當機立斷做了這個決定，才可以實踐生孩子的計劃。」

「我的先生也是來自一個大家庭,有三個哥哥和姐姐,所以我們都感受到大家庭的愛,希望自己也可以有幾個孩子。兩個好像太少,四個又太多,三個孩子就剛剛好。」

「作為一個從台灣來港的媽媽,對這裡的教育環境,養育孩子的『潛規則』真的不太清楚,也不太理會。像在香港養小孩要多少錢、要上哪些興趣班、要為小孩準備甚麼的問題等等,都讓人變得慌張和緊張。可能這裡的社會環境比較複雜,普遍大人對生兒育女的態度都較為保守,衍生林林總總的資訊和建議。我在想,如果我需要相信這些『建議』,就要花很長時間考量它們的可信性,那……根本沒時間生小孩,也會怕了生小孩吧!既然我和先生都喜歡小朋友,那就直接做自己喜歡的事啊。搬進新屋後,我和先生嘗試了一年,終於懷孕了!我們都很開心!」

「我懷著感恩的心情迎接兒子到來,似乎一切都很順利。一向冷靜的我,面對甚麼狀況也能淡然面對。但兒子出生後,出現了新生嬰兒黃疸,需要留院觀察一段時間。我從來未試過那樣憂心,每天不停地哭,對寶寶健康的擔憂,和自己隻身在外的孤獨感,都蘊藏在淚水中淌到心坎裡。幸好,媽媽來了香港陪我分娩,讓我的心情平靜下來,而最後寶寶也能平安回家。」

不久後，Tracy 就懷上了第二個寶寶。可是，八個星期後，寶寶在肚子內自然流失了。難過與眼淚充斥著 Tracy 的日與夜，家人也憂傷非常。有人說，生育讓女性感受到第二次重生，而寶寶離開，正正就像割走了自己身心的一大部分。Tracy 的先生說：「好像大樹一樣，如果意識到細菌入侵，大樹便會灑脫地犧牲自己，把剩餘的養分留給其他樹木。其實寶寶意識到自己身體機能不好，所以選擇先離開世界，把營養留給媽媽，然後再會以另一種形式回來。」

「懷上二哥和小弟的時候，我已經是高齡產婦，所以格外小心，開始多看喜歡的書和聽抒情的音樂，練習讓情緒安定下來。三兄弟，每一個我都堅持餵哺母乳，除了可以滿足到寶寶的營養需要，媽媽擁著寶寶肌膚相親，加強彼此連繫，我認為這是上天的祝福。」

四書五經三兄弟

「加油，盡人事。」

從台灣到香港；從儲錢到置業；從經歷寶寶離去，到了擁有三個健康孩子……成為媽媽的過程很漫長，也沒有讓人放鬆或怯懦的一刻。生了二哥後，Tracy決定辭去工作，背上教養孩子的責任，當一個全職媽媽。Tracy閱讀過不少關於培育孩子的文章，對讀經的優點，信念非常堅定。

「我沒有追隨香港養育小孩的主流價值，反而，遵從自己的心意，把我在台灣成長的身體和心靈回憶分享給兒子們。與孩子一起讀經典就等同請來全世界最有名的家教，是千年流傳下來，最好的家教。」

「雖然兒子的性格和年紀大不相同，大哥很體貼，會站在別人的角度想；小弟跟我有點像，比較冷靜，懂得觀言察色，在不同場合做恰當的事；相反二哥的性格最令人喜出望外，他很活躍，喜歡運動，跑得很快，同時愛挑戰規則也愛唱反調。」

「儘管兒子們的性格大相逕庭,我也鼓勵他們從小學習經典論語。這可能在香港並不普遍,但卻是我十分相信的一套教育方法。」Tracy認為,透過誦讀古人經典,如同把千年文化精萃,種植在孩子的心田。她相信如果從小培養小孩子背讀四書五經或西方的典藏,能夠提升孩子的氣質或心性,容易接納與理解他人的想法。

幼苗栽培,需要時間,別急於收成,「讀經所學的,並非即時有用,當孩子長大後明白到經文的意思,就很有用。要看短期效果,讀經辦不到。」大哥六歲的時候,已經能背通逾25,000字的經典,即使現在15歲,也能背誦得琅琅上口。Tracy不是佛教徒,但即使再忙,每個星期天也會帶孩子們到佛教圖書館修習。「每個小朋友都做得到,視乎家長付出多少,又是否重視讀經。其實兒童讀經典並不辛苦,好像唱歌一樣,很快就記住了。」引述《論語》的話:「無欲速,無見小利。欲速,則不達;見小利,則大事不成。」

為了靜心專注於文字閱讀，Tracy的家居環境也有所配合。書架放滿書籍，卻沒有電視機。讀經伴隨孩子成長，Tracy表示難以區分哪方面性格是由讀經而來，但她看到兒子的堅持和有禮。她確信，書本裡的知識會成為兒子心中的智慧小石，伴著他們成長。「我們也經常跟朋友在家中舉辦不同主題的讀書會……家裡的書本，多得可以起幾面牆了！」

孩子長大，漸漸進入青春期，而媽媽也會進入更年期，必須一直調整自己對他們的要求和相處方法。Tracy自覺並不嚴謹，跟她的軍人父親一樣，她著重小孩的品德勝過學業成績，也會給他們適當的自由度。

「與其規限孩子的每一個動作，不如放手讓他去體驗、犯錯，然後發現自己應當負起的責任。例如不花時間讀書，成績會差；不好好收拾，房間就會亂……我們在哪裡淋花，種子就會在哪裡出現。」Tracy說。

積極互動，聯繫感情

猶如小時候在台北，每天也和姐姐們幫媽咪按摩一樣，Tracy 教導孩子幫自己按摩肩膊，而每天晚上她也會為小孩按腳，能保持身體健康之外，也順道聊聊天分享當天發生的事，聯繫感情。

如果說每一個媽媽的都有一種獨特方法與孩子互動，閱讀與身體接觸。就是Tracy的法寶，也是她的父母以生命送給她的禮物。

看著孩子到天台玩耍、踏單車、照顧植物、和兄弟們玩打架遊戲，衣服透著半身的汗，無憂無慮地開懷大笑⋯⋯一家人一起出到香港公園玩，跟家人相處的時間，每分每秒都是幸福的時光。「好像每一次分娩和坐月的時候，母親也會從過台灣飛過來陪伴和照顧我。能夠有母親見證著我成為母親，協助我成為母親的一切⋯⋯我希望把這種情感，心靈，身體上的連結，晝日晝夜地溫柔地送給我的兒子們。」

享受你所在的每一刻，不論是好是壞。即使現在覺得失落，之後回頭看，也會是好的。

平安，最重要。

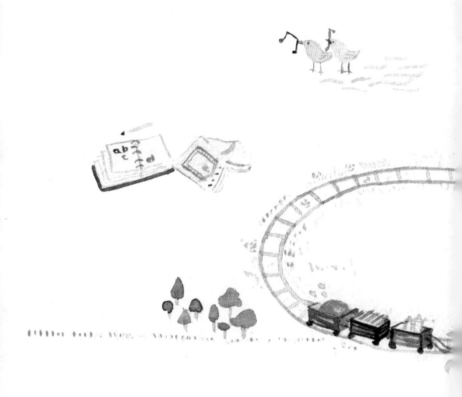

香港青年協會

hkfyg.org.hk | m21.hk

香港青年協會（簡稱青協）於 1960 年成立，是香港最具
規模的青年服務機構。隨著社會瞬息萬變，青年所面對的
機遇和挑戰時有不同，而青協一直不離不棄，關愛青年並
陪伴他們一同成長。本著以青年為本的精神，我們透過專
業服務和多元化活動，培育年青一代發揮潛能，為社會貢
獻所長。至今每年使用我們服務的人次達 600 萬。在社會
各界支持下，我們全港設有 80 多個服務單位，全面支援青
年人的需要，並提供學習、交流和發揮創意的平台。此外，
青協登記會員人數已逾 45 萬；而為推動青年發揮互助精
神、實踐公民責任的青年義工網絡，亦有逾 23 萬登記義工。
在「青協・有您需要」的信念下，我們致力拓展 12 項核心
服務，全面回應青年的需要，並為他們提供適切服務，包括：
青年空間、M21 媒體服務、就業支援、邊青服務、輔導服務、
家長服務、領袖培訓、義工服務、教育服務、創意交流、文
康體藝及研究出版。

e·Giving

青協網上捐款平台
Giving.hkfyg.org.hk

青協家長全動網

青協家長全動網（簡稱全動網）是全港最大的家長學習和支援網絡，積極推動「家長學」。家長責任重大；在不同階段教養子女，涉及的知識廣泛，需要不斷學做家長，做好家長。全動網分別在網上和全港各區鼓勵家長積極參與各項親職學習課程，促進交流和自學，幫助家長與子女拉近距離、適切處理兩代衝突，以及培養子女成材。

全動網凝聚家長組成龐大互助網絡，透過彼此扶持與持續學習增值，解決親子難題，與子女同步成長。

香港青年協會家長全動網

網址：www.psn.hkfyg.hk
地址：觀塘坪石邨翠石樓地下 125 至 132 室
電話：2402 9230
傳真：2402 9295
Facebook 專頁：青協家長全動網
電郵：psn@hkfyg.org.hk

專業叢書統籌組

香港青年協會專業叢書統籌組多年來透過總結前線青年工作經驗，並與各青年工作者，包括社工、教育工作者、家長等合作，積極出版各系列之專業叢書，包括青少年輔導系列、青年就業系列、青年創業系列、親職教育系列、教育服務系列、領袖訓練系列、創意教育系列、青年研究系列、青年勵志系列、義工服務系列及國情教育系列等，分享及交流青年工作的專業發展及青少年的最新狀況。

為進一步鼓勵青年閱讀及創作文化，本會建立「好好閱讀」平台，並推出青年讀物系列及「青年作家大招募計劃」，為青年帶來更多選擇以及出版平台。

除此之外，本會出版中文雙月刊《青年 空間》及英文季刊《Youth Hong Kong》，於各大專院校及中學免費派發，以聯繫青年，並推動閱讀文化。

網站：cps.hkfyg.org.hk
Facebook：hohoreading

books.hkfyg.org.hk
網上書店

「青年作家大招募計劃」

為了鼓勵青年發揮創意及寫作才能，本會自 2016 年開始推出「青年作家大招募計劃」，讓青年執筆創作，實現出書夢。計劃至今已為七位本地青年作家出版他們的作品，包括《漫遊小店》、《不要放棄「字」療》、《49+1 生活原則》、《細細個嗰一刻》、《早安，島嶼》、《咔嚓！遊攝女生》、《廢青姊妹日常》，以及今年獲選作品《人生是美好的》及《媽媽火車 —— 尋找生活的禮物》；透過文字、相片、插畫，分享年輕人獨一無二的故事。

媽媽火車 —— 尋找生活的禮物

出版	香港青年協會
訂購及查詢	香港北角百福道21號
	香港青年協會大廈21樓
	專業叢書統籌組
電話	(852) 3755 7108
傳真	(852) 3755 7155
電郵	cps@hkfyg.org.hk
網址	hkfyg.org.hk
網上書店	books.hkfyg.org.hk
M21網台	M21.hk
版次	二零二零年七月初版
國際書號	978-988-79951-3-5
定價	港幣100元
顧問	何永昌
督印	魏美梅
編輯委員會	魏美華、凌婉君、蕭燦豪
執行編輯	周若琦
作者及插畫	劉妍汶
設計及排版	何慧敏
製作及承印	DG3 Asia Limited

©版權所有 不得翻印

Mom's Training: The Gift of Life

Publisher	The Hong Kong Federation of Youth Groups 21/F,
	The Hong Kong Federation of Youth Groups Building,
	21 Pak Fuk Road, North Point, Hong Kong
Printer	DG3 Asia Limited
Price	HK$100
ISBN	978-988-79951-3-5

© Copyright 2020 by The Hong Kong Federation of Youth Groups
All rights reserved

青協App 立即下載